计算思维

信息科技跨学科主题学习实践

潘艳东 著

上海社会科学院出版社
SHANGHAI ACADEMY OF SOCIAL SCIENCES PRESS

图书在版编目(CIP)数据

计算思维：信息科技跨学科主题学习实践 / 潘艳东著. -- 上海：上海社会科学院出版社，2025. -- ISBN 978-7-5520-4702-8

Ⅰ.O241

中国国家版本馆CIP数据核字第2025R6K054号

计算思维:信息科技跨学科主题学习实践

著　　者：潘艳东
责任编辑：路　晓
封面设计：徐　蓉
出版发行：上海社会科学院出版社
　　　　　上海顺昌路622号　邮编200025
　　　　　电话总机021-63315947　销售热线021-53063735
　　　　　https://cbs.sass.org.cn　E-mail:sassp@sassp.cn
照　　排：上海碧悦制版有限公司
印　　刷：上海龙腾印务有限公司
开　　本：787毫米×1092毫米　1/16
印　　张：13.75
字　　数：276千
版　　次：2025年4月第1版　2025年4月第1次印刷

ISBN 978-7-5520-4702-8/O·008　　　　　　　定价：68.00元

版权所有　翻印必究

序言

在智能时代的背景下,计算思维(Computational Thinking)已成为一种基础的认知能力,它不仅是计算机科学的核心,也是每个公民必备的素养之一。随着信息技术的飞速发展和数字化转型的深入,计算思维在跨学科主题学习中扮演着越来越重要的角色。本书正是在这样的背景下应运而生,旨在指导教育工作者和学生如何在初中信息科技课程中发展和应用计算思维。

本书的编写遵循了教育部门关于培养学生核心素养的要求,特别强调了计算思维在跨学科学习中的重要性。全书共分为五章,每一章都围绕计算思维的不同方面展开,从理论到实践,从基础到前沿,为读者提供了一个全面的学习框架。

在第一章中,我们首先厘清了计算思维的概念,探讨了它在问题解决、系统设计和行为理解中的作用,并解释了如何在课程标准中诠释计算思维。接着,我们讨论了计算思维的培养路径,包括基础概念与原理的学习、问题解决能力的培养、实践操作与项目实践,以及跨学科实践应用与创新能力的培养。

第二章则深入探讨了跨学科主题学习的概念特征、教育价值和开展方式,特别强调了信息科技在跨学科主题学习中的要求,以及如何通过跨学科主题学习来培育学生的素养。

第三章聚焦于数字素养,这是跨学科主题学习实施能力的核心诉求。我们讨论了数据决策力、数字化教学实践和数字伦理与安全,这些都是在数智时代中不可或缺的技能。

第四章提供了实践方略,指导如何设计和实施跨学科主题学习。我们详细讨论了跨学科主题学习的设计原则、设计框架和评价设计,以及如何将计算思维融入教学实施和评价中。

最后,在第五章中,我们展望了智能时代人才培育的新要求和面向未来学习的新样态,包括STEAM教育、创客教育和人机共育,这些都是培育新质人才的重要途径。

本书的目标读者是初中信息科技教师、教育研究人员和政策制定者,以及对计算思维和跨学科学习感兴趣的学生和家长。我们希望通过这本书,能够帮助读者理解计算思维的重要性,掌握跨学科主题学习的方法,并在实际教学中应用这些理念,以培养学生的计算思维和解决复杂问题的能力。

在初中阶段,学生正处于认知发展的关键时期,他们对世界的好奇心和探索欲强烈,这为发展计算思维提供了绝佳的契机。通过跨学科主题学习，学生不仅能够学习到信息科技的知识和技能，还能够在其他学科中应用这些知识和技能，从而实现知识的整合和创新能力的培养。我们鼓励教师和学生一起探索、实践和反思，将计算思维融入日常学习和生活中。通过这样的学习实践，我们相信学生能够更好地适应未来的挑战，成为具有创新精神和实践能力的新一代人才。

让我们一起开启这段跨学科学习之旅，探索计算思维的无限可能。

目录

序言　1

第一章　关键能力——问题解决的计算思维　1

第一节　理解计算思维 / 3

一、厘清计算思维概念 ········· 3
二、问题解决能力 ········· 19
三、系统设计和行为理解 ········· 21
四、计算思维的课标诠释 ········· 22
五、跨学科实践应用 ········· 23

第二节　计算思维的培养路径 / 24

一、基础概念与原理学习 ········· 24
二、问题解决能力的培养 ········· 26
三、实践操作与项目实践 ········· 27
四、跨学科实践应用与创新能力的培养 ········· 36

第二章　素养培育——走进跨学科主题学习　39

第一节　跨学科主题学习概述 / 41

一、跨学科主题学习的概念特征 ········· 41
二、跨学科主题学习的教育价值 ········· 43
三、跨学科主题学习的开展方式 ········· 44

第二节　信息科技的跨学科主题学习要求 / 46

一、落实素养培育的课程理念 ········· 46
二、新课标的要求 ········· 47
三、适应教学内容方法 ········· 48
四、提升学科实践能力 ········· 51

第三节　跨学科主题学习应该怎么做 / 52

一、跨学科主题学习的开展背景 …………………………………………… 52

二、如何理解跨学科主题学习 …………………………………………… 53

三、如何做好跨学科主题学习 …………………………………………… 55

四、跨学科主题学习的意义 ……………………………………………… 56

第四节　基于跨学科主题学习的素养培育 / 58

一、促进知识整合与提升跨学科实践应用技能 ………………………… 58

二、培养批判性思维与创新能力 ………………………………………… 58

三、营造支持性环境,激发批判性思维与创新潜能 …………………… 59

四、发展跨界合作与沟通能力 …………………………………………… 60

五、提高解决复杂问题的能力 …………………………………………… 62

第三章　数字素养——跨学科主题学习的实施能力诉求　65

第一节　数据决策力 / 67

一、数据收集与分析 ……………………………………………………… 67

二、数据驱动的教学改进 ………………………………………………… 68

三、数据支持的评估与反馈 ……………………………………………… 70

第二节　数字化教学实践 / 72

一、数字化教学设计 ……………………………………………………… 73

二、数字化教学实施 ……………………………………………………… 74

三、数字化教学评价 ……………………………………………………… 77

第三节　数字伦理与安全 / 80

一、数字伦理意识:计算思维的道德指引 ……………………………… 80

二、数字安全技能:计算思维的实践保障 ……………………………… 80

三、计算思维与跨学科融合:数字素养的实践高地 …………………… 81

案例(一):慧说校园 ………………………………………………… 82

第四章　实践方略——信息科技跨学科主题学习的设计与实践　87

第一节　跨学科主题学习怎么设计 / 89

一、计算思维与跨学科主题学习设计 …………………………………… 89

二、跨学科主题学习设计原则 …………………………………………… 91

三、跨学科主题学习设计框架 …………………………………………… 93

　　案例（二）：智能生态园 ……………………………………………… 95

　　案例（三）：绿色家园探索者 ……………………………………… 106

　　案例（四）：校园智能灯控项目 …………………………………… 109

第二节　跨学科主题学习怎么实施 / 115

一、计算思维与跨学科主题学习实施 ………………………………… 115

二、前测了解学情 ……………………………………………………… 119

三、任务设计 …………………………………………………………… 120

四、活动组织 …………………………………………………………… 121

　　案例（五）：自动驾驶与 Python 编程 …………………………… 122

五、交流与评价 ………………………………………………………… 125

　　案例（六）：初识过程与控制 ……………………………………… 126

第三节　跨学科主题学习怎么评价 / 131

一、计算思维与跨学科主题学习评价 ………………………………… 131

二、确定评价框架 ……………………………………………………… 132

三、明确评价内容 ……………………………………………………… 133

四、选择评价方式 ……………………………………………………… 134

五、分析评价结果 ……………………………………………………… 135

　　案例（七）：手语翻译系统的设计与实现（人工智能） …………… 140

第五章 前沿展望——新质人才培育的未来学习　151

第一节　智能时代人才培育新要求 / 153

一、新手段 …………………………………………………… 153

二、新方式 …………………………………………………… 154

三、新技术 …………………………………………………… 156

　　案例（八）：AIScratch 制作鲜花识别机器人 ……………… 157

第二节　面向未来学习新样态 / 161

一、STEAM 教育 ………………………………………………… 161

　　案例（九）：探秘 DNA ……………………………………… 168

　　案例（十）：设计义肢 ……………………………………… 175

二、创客教育 ………………………………………………… 180

　　案例（十一）：制作扫地机器人 …………………………… 184

三、人机共育 ………………………………………………… 188

　　案例（十二）：AI 生成绘画（生成式人工智能）…………… 192

　　案例（十三）：构建校本课程开发智能体 ………………… 197

参考文献 / 209

第一章

关键能力
——问题解决的计算思维

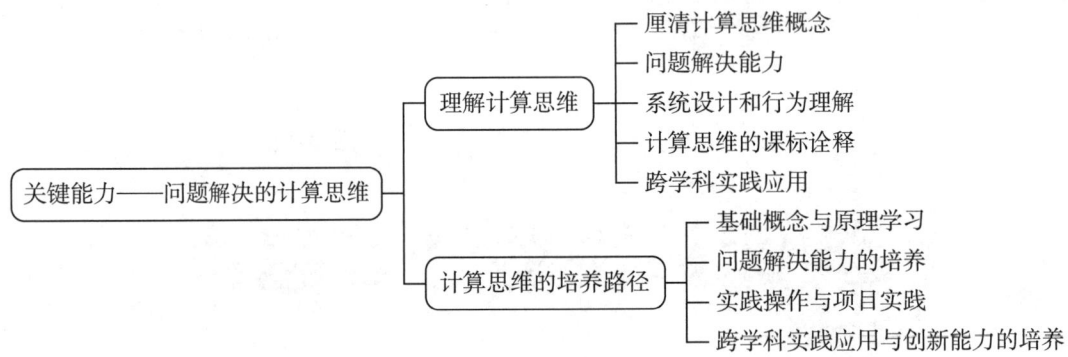

第一节 理解计算思维

2006年,美国卡内基梅隆大学的周以真(Jeannette M.Wing)教授提出计算思维的概念:计算思维(Computational Thinking)是运用计算机科学的基础概念去求解问题、设计系统和理解人类的行为。2008年,她对计算思维定义做了进一步阐述,认为计算思维是选择恰当的抽象方法,在不同层面进行抽象并定义抽象关系,形成模型,以及选择合适的计算机(人或机器、虚拟或物理设备)自动化执行抽象任务的过程。[①] 2021年,她再一次阐述计算思维是形式化表达问题和解决方案,使之成为能够被信息处理有效执行的思维过程。

计算思维是一种将计算机科学的基础概念和方法应用于解决各种问题、设计系统和理解人类行为的思维方式。它强调将复杂问题分解为更小、更易于管理的部分,通过算法设计、抽象建模、自动化处理以及评估解决方案的效率与正确性来寻求最优解。计算思维不仅限于编程,而是跨越学科界限,帮助人们以更系统、更符合逻辑的方式分析问题,利用技术工具优化解决方案,提升决策质量。在数智时代,掌握计算思维已成为个人适应快速变化环境、创新解决问题的重要能力。

一、厘清计算思维概念

计算思维作为从计算机科学中提取出来的重要经验和原则,是用计算来设计和完成所发现问题的解决思维模式,成为当今科学研究必不可少的思维方式,也是计算机科学为人类思维方式的发展做出的独特贡献。培养计算思维已经成为教育领域的重要内容。计算思维教育旨在将学习者与计算联系起来,帮助其建立必要的逻辑和分析技能,以有效地从规范中提出问题,并发展算法思维,建立对数字世界坚实和科学的理解。因此,知晓计算思维的提出、概念演进以及操作性定义的动态发展过程,有助于学习者对计算思维进行全面理解,也会让计算思维教育的内容和目标愈发清晰。

(一) 计算思维的提出

计算思维的提出是为了能够清晰地表达计算科学相对于工程、技术、数学和科学领域在问题解决上的独特之处。20世纪五六十年代,当时的"算法学家"为争取将计算机科学从数学中独立出来,提出了"算法思维"的概念。算法思维的积极倡导者中有很多著名的计算机科学家,比如艾兹格·W.迪科斯彻(Edsger Wybe Dijkstra)、艾伦·纽厄尔(Allen Newell)、赫伯特·西蒙(Herbert Simon)和高德纳(Donald Ervin Knuth)等。在计算机科学的范围内,算法思维演化为后来的计算思维。

---

① 钟柏昌,李艺.计算思维的概念演进与信息技术课程的价值追求[J].课程·教材·教法,2015,35(7):87—93.

1980年美国麻省理工学院的佩珀特（Papert）提出"程序性思维"的概念，指出以计算的方式思考，就是把一个问题解释为一个信息过程，然后寻找一个算法解决方案。1996年他将其表述为"计算思维"，从此计算思维作为计算科学基本原理的一部分被广泛使用。

1985年，著名计算机科学家高德纳在《美国数学月刊》上发表了题为《数学思维与算法思维》的文章，列举了数学中9个典型的例子，说明算法思维与数学思维在解决问题上的相同之处和不同之处，得出"表示现实事物、化为较简单的问题、抽象推理、信息构造、算法"是相较于数学思维而言算法思维的表现特征。

真正让计算思维进入大众视野的是美国卡内基梅隆大学的周以真教授。2006年，周以真在她具有里程碑意义的演讲中将计算思维定义为用计算完成设计和发现的思维模式。她提出到21世纪中叶，计算思维将成为世界上每个人必须具备的与阅读、写作和算术一样重要的基本技能。她认为如果没有计算思维能力，在任何科学或工程学科中进行研究几乎是不可能的。(Wing，2014)

综上所述，计算思维是计算机科学领域内的独特思维，是涵盖计算机科学之广度的一系列思维活动，且需要利用计算机科学的基本概念进行问题解决。它源于计算机科学，由于其在不同情境中的适用性与迁移性，又远超计算机科学。

(二) 计算思维的概念

自2006年以来，尽管大学、中学、小学甚至幼儿园，已经开展了丰富的计算机科学和相关领域的教育实践，用各种各样的尝试来澄清和重新定义"计算思维"这个术语，但直到今天，关于"计算思维"这一术语的定义仍没有达成共识，每个研究者都从不同角度对"计算思维"进行界定。然而，拓展学生对计算事件的认识，让计算机科学更好地为其他领域学生的跨学科实践应用做出贡献，正在成为计算思维教育努力的方向。

在众多计算思维概念中，初次提出者西蒙·佩珀特教授和让计算思维为大众熟知的周以真教授的阐述最具代表性，两人分别强调了计算思维的跨学科价值和计算机科学学科价值，他们对计算思维概念内涵和外延的详细叙述有利于公众对计算思维的深度理解。

1. 西蒙·佩珀特："双向"计算思维

"双向"的意思是不仅用计算来实现学科已经有的算法，还要利用学科知识和计算知识（计算思维）来开发新的解决方案。

西蒙·佩珀特早在1980年所著的《因计算机而强大：计算机如何改变我们的思考与学习》一书中提出，最好是将计算设备与其他知识领域及其解决问题的方法结合使用，以实现丰富而新颖有创意的问题解决方法，而不仅仅是将已经存在于其他学科中的算法计算机化。他在1996年一篇关于数学教育的论文中总结出利用计算机对数学问题求解的两种方式。①

第一,使用计算机作为高速数据运算工具。例如,在求解概率的例子中,计算机作为高速数据分析工具,能够评估许多值并生成答案。

第二,计算机代替手工构建几何模型。例如,计算机提供一种代替手工构建标准欧几里得四维空间的方法。

西蒙·佩珀特承认这两种方式的计算都能够比人类更加快速和有效地生成解决方案。但是他认为如果使用计算机并没有让问题的解决方案比没有使用计算机时更清晰,那就说明没有计算思维的参与。他认为,计算思维应当鼓励我们将人的解决方案和计算机的解决方案整合演变出新的解决方案,应该用计算机帮助人更好地分析问题和解决问题、提供解决方案以及探究二者之间的关系,形成更加清晰的问题解决办法。同时,人还要研究如何更高效地利用计算机解决问题,即算法的研究。因此,佩珀特提出的计算思维是一个人机互相推动启发解决问题的双向过程。

2. 周以真:基于计算机科学的计算思维

2006年周以真教授将计算思维界定为计算机科学的独特思维,以确立计算机科学的地位。她认为计算思维是运用计算机科学的基础概念进行问题求解、系统设计、人类行为理解等涵盖计算机科学之广度的一系列思维活动。(Wing,2006)这一定义强调了计算机科学对现代生活的独特贡献,以及计算思维的广泛存在。也就是说,计算思维并不局限于与编程相关联的程序思维,乃是代表了一种每个人(不仅仅是计算机科学家)都渴望学习和使用的且普遍适用的态度和技能集合。计算思维是将一个复杂问题或系统,通过抽象、分解、迁移、模拟等过程(这些概念源于计算机科学领域)转化为更熟悉、更容易解决的简单问题或系统。② 其目的是希望所有人都能像计算机科学家一样思考,将计算技术与各学科理论、技术与艺术进行融合,实现新的创新,从而引发学界和全社会对计算思维的广泛关注。为了便于理解,周以真给出了关于计算思维的详细描述。

(1)计算思维就是通过约简、嵌入、转化和仿真等方法,把一个看似困难的问题重新阐释成一个我们知道怎样解决的问题。

(2)计算思维是一种递归思维,是一种并行处理,是把代码译成数据又把数据译成代码,也是一种由广义量纲分析进行类型检查的方法。

(3)计算思维采用了抽象和分解来控制庞杂的任务或者设计巨大复杂的系统,是关注点分离(Separation of Concerns,简称SOC)的系统思维方法。

(4)计算思维是选择合适的方式去陈述一个问题,或者是选择合适的方式对一个问题

---

① 岳龙.心流理论视角下面向计算思维培养的教学实践[D].昆明:云南师范大学,2022.
② 刘亚琴.面向计算思维发展的跨学科问题驱动学习环境设计与应用研究[D].无锡:江南大学,2020.

的相关方面建模使其易于处理。

（5）计算思维是按照预防、保护及通过冗余、容错、纠错的方式从最坏情形进行系统恢复的一种方法。

（6）计算思维是利用启发式推理来寻求解答，就是在不确定情况下的规划学习和调度的思维方法。

（7）计算思维是利用海量数据来加快计算，在时间和空间之间、在处理能力和存储容量之间进行权衡的思维方法。

从上述文字中可以看到，她认为计算思维的方法包括递归，关注点分离，抽象和分解，保护、冗余、纠错和回复，利用启发式推理寻求解答，在不确定情况下的规划、学习和调度等。[1] 2008年，周以真再次将计算思维的内涵聚焦于抽象与问题解决：计算思维的本质是抽象与自动化，抽象有不同层次，不同层次之间存在接口。计算思维的核心是确定问题、解决问题、发展问题以及识别新问题。她针对计算领域提出了"什么是智能？""什么是可计算的？""怎样去计算？""什么是计算思维？""我们如何简单地建立复杂系统？"等五个深层次的问题，并进行了详细的叙述。她认为，计算机科学是计算的学问，即什么是可计算的、怎样去计算，并以此提出了计算思维的六个特征。（见表1-1）

表1-1 计算思维的特征

计算思维是……	计算思维不是……	解读
概念化	编程化	是一种思维模式，不是技术和工具
指向问题解决	呆板机械的技能	是数字公民的必备素养，处于不断发展变化中
人的思维	计算机的思维	是用计算机解决问题，不仅要理解人的思维，还要理解机器如何做
学科思想	人造品	广泛存在于生活中，而不是只和计算机相关
数学思维与工程思维的互补与融合	单纯的数学思维或者工程思维	本质是抽象和自动化
面向所有人、所有领域	仅仅面向计算机科学的学生，培养计算机科学家	是人人都可以掌握的思维模式

周以真在《计算思维和关于思维的计算》一文中指出，关于思维的计算我们需要结合

---

[1] 牟琴,谭良,吴长城.基于计算思维的网络自主学习模式的研究[J].电化教育研究,2011(5):53-60.

三大驱动力领域:科学、科技和社会。社会的巨大发展和科技的进步迫切要求我们重新思考最基本的科学问题。计算思维将影响每一个人,这一设想给社会,特别是青少年教育提出了新的挑战。(Wing, 2008)

周以真认为,用计算机解决问题,其本质就是抽象与自动化,即在不同层面进行抽象,以及将这些抽象机器化。首先需要对拟解决的问题编码,为此需要对数据、处理过程和设备进行不同层级的符号抽象,这个抽象过程是计算思维活动的关键。她认为,计算解决问题的方法强烈依赖底层计算设备,尽管她提出的许多计算思维的概念和技能在计算出现之前就存在了,并且已经在众多学科中广泛使用,例如建模、抽象等,但事实上,抽象在计算中的应用与在数学中的应用非常不同。在计算中,抽象被用作表达细节,这样它们就可以被计算机自动化操作,而在数学中,一旦抽象被创建,底层的细节就可以被完全忽略或忘记。

随着对计算思维之于全体公民重要性预期的提升,周以真将计算思维的定义修正为"计算思维是一种解决问题的思维过程,能够清晰、抽象地将问题和解决方案用信息处理代理(机器或人)有效执行的形式化方式表达出来"(Wing, 2011)。[1] 与2006年的定义相比,该定义更加强调计算思维不仅是一种思维活动,而且是一种能够被有序表达的思维过程。2010年,她还从微观层面补充解释计算思维为"以有效处理信息的方式思考问题、构思并呈现解决方案的一系列思维活动"(Wing, 2010)。她认为,计算思维是一种分析思维,综合运用了数学思维、工程思维、科学思维。整体来看,这是个从孤立的思维活动到综合的思维活动的发展过程。2017年,周以真再次描述"计算思维是指用计算机(人或机器)能够有效执行的方式来形成一个问题并表达其解决方案的思维过程"(Wing, 2017),以强调计算思维是植根于计算机科学的概念和实践(即作为一个计算机科学家的思考),重申了计算思维指向机器自动化执行和问题的形式化表达基础上的问题解决的思维过程。

周以真的定义从宏观角度表明计算思维基于计算机科学存在的合理性,确定了计算思维的发展根基。基于周以真的核心观点,许多研究者以不同的侧重点描述计算思维,集中在定义一组必要的经验、知识、概念和技能,以便人们能够将算法解决方案应用于非计算机科学领域,例如英国南安普敦大学的塞尔比等(Selby et al., 2013)发展计算思维的定义为"聚焦于解决问题的方法",包含了利用抽象、分解、算法设计、评估和概括的思维过程。2012年,英国皇家学会(The Royal Society)表达了对计算机科学的重视,将计算思维

---

[1] 陈鹏,黄荣怀,梁跃,等.如何培养计算思维——基于2006—2016年研究文献及最新国际会议论文[J].现代远程教育研究,2018(1):98—112.

定义为识别我们周围世界中哪些方面具有可计算性。①

3.《义务教育信息科技课程标准(2022年版)》中的计算思维

计算思维是指个体运用计算机科学领域的思想方法,在问题解决过程中涉及的抽象、分解、建模、算法设计等思维活动。具备计算思维的学生,能对问题进行抽象、分解、建模,并通过设计算法形成解决方案;能尝试模拟、仿真、验证解决问题的过程,反思、优化解决问题的方案,并将其迁移运用于解决其他问题。②

(三) 计算思维的操作性定义

为了促进统一的课程设计和适当的评估,寻求对计算思维的一个强有力的定义是必要和重要的。现阶段关于计算思维的概念、组成要素、基本结构等,学术界还未达成共识,尤其是世界各国对计算思维核心概念的称呼也不尽相同,容易引起概念混淆。科学家处理这类问题的方法是先给出一套可观察的指标以指导实践工作,这就是操作性定义。操作性定义以概念定义为基础,对概念的基本特性即所包含的维度做出规定,在概念定义的框架下,对概念每一维度的含义进行具体化或可操作化。为了让计算思维更直接地应用于课程和课堂实践,便于开展教育研究,教育领域研究者借鉴科学家的方法,试图给出计算思维的操作性定义。

宾夕法尼亚大学的苏珊·戴维德森(Susan Davidson)教授和克里斯·墨菲(Chris Murphy)副教授在其在线课程"面向问题解决的计算思维"中提出计算思维是运用计算机科学领域的概念及方法,使用计算机解决实际问题的一系列思维过程,主要包括分解、模式匹配、数据表达和抽象以及算法设计,③并从这几个方面设计课程。卢博米尔·佩尔科维奇(Ljubomir Perkovic)和安伯·塞特尔(Amber Settle)识别了自动化、通信、计算、协调、设计、评估和回忆的要素。(Perkovic et al.,2010)

2008年,美国国家研究委员会(National Research Council)召集了来自美国科学院、工程院、医学研究院的代表,围绕计算思维的本质及其内涵与教育意义、计算思维的教学两方面进行了近两年的讨论。2010年编写的报告中,重新审视和扩展了佩珀特程序性思维和编程的计算思维,列出了20多种计算思维可能包含的核心概念、高级技能和计算实践,如问题抽象和分解、启发式推理、搜索策略、计算机科学概念的知识、并行处理、机器学习和递归,④使计算思维超越了"编程"的范畴。2010年的研讨遗留了一些核心问题,包

---

① 赵丹丹,宋春敬.新课标背景下面向计算思维培养的编程教学研究[C].2024计算思维与STEM教育研讨会暨Bebras中国社区年度工作会议论文集.2024:227—235.
② 黄荣怀,熊璋.义务教育信息科技课程标准(2022年版)解读[M].北京:北京师范大学出版社,2023:155—173.
③ 王卓力.以计算思维为导向的高中编程模块的教学设计与实践[D].牡丹江:牡丹江师范学院,2022.
④ 贾鑫欣.STEM视野下中小学计算思维能力的培养策略研究[D].新乡:河南师范大学,2019.

括:如何识别计算思维? 在儿童中推广计算思维的最佳教学法是什么? 编程、计算机和计算思维可以合法分离吗? (National Research Council,2010)2011 年研讨时认为,计算思维的关键因素是抽象、数据、检索、算法、设计以及评价和可视化,在分享的计算思维教学方法和环境的示范案例以及最佳实践中,从教学方面对其中一些问题进行了重新研究,提出了发展计算思维能力的候选工具和教学法。(National Research Council,2011)

美国新媒体联盟(New Media Consortium,简称 NMC)的首席执行官拉里·约翰逊(Larry Johnson)博士提出计算思维的原则包括五个方面:一是使用计算机或者是其他相关工具来辅助解决问题;二是使用一定的逻辑组织和分析数据;三是通过抽象的方式,比如模型或者是模拟来呈现数据;四是通过算法思维使问题解决自动化;五是分析可能实施的解决方案,并确定最有效最有用的步骤与资源的组合方式。①

英国广播公司(British Broadcasting Corporation,简称 BBC)的《计算思维导论》教程中将计算思维定义为将一个复杂的问题分解为一系列较小的、更易于管理的问题(分解)。然后,可以考虑先前解决过的相似问题(识别),并仅关注重要的细节而忽略不相关的信息(抽象),分别查看每个较小的问题。接下来,可以设计解决每个较小问题的简单步骤或规则(算法)。正确应用以上四种技能后将有助于利用计算机编程解决问题。这些定义主要从教育的角度解析计算思维,操作性和教育性很强,但是如果从科学和技术角度来看,并不是完备的计算思维过程。例如,调试是计算思维很重要的要素和过程,佩珀特就曾论证调试是构建知识的精髓。

在众多的定义中,当前普遍认可的操作性定义有 MIT 媒体实验室的计算思维三维框架、英国学校计算课程工作小组(CAS)的六概念计算思维体系、谷歌公司的计算思维框架和美国 ISTE-CSTA 的问题解决过程六步骤定义。下面通过介绍这几种典型的计算思维操作性定义,帮助大家深刻理解计算思维的内涵与外延,同时形成自己统一的概念和方法,指导我们的学习和教学实践。

1. MIT 的计算思维三维框架

MIT 媒体实验室的卡伦·布伦南(Karen Brennan)和米切尔·雷斯尼克(Mitchel Resnick)认为,计算思维是思考问题及其解决方案的形成过程,并使解决方案以一种机器代理可以有效执行的形式呈现出来。他们基于 Scratch 交互式编程环境,以帮助小学生学会创作自己的作品,包括互动故事视频游戏、现实仿真等,并以能够通过 Scratch 社区与全世界的小朋友进行分享为目标,提出计算思维三维框架定义,包括计算概念、计算实践、计算观念。(见表 1-2)(Brennan et al., 2012)

---

① 管会生,杨建磊.从中国"古算"到"图灵机"——看不同历史时期"计算思维"的演变[J].计算机教育,2012(11):120—125.

表 1-2 计算思维三维框架定义

计算概念	计算实践	计算观念
顺序：识别某项任务的一系列步骤。 循环：多次运行同一"顺序"。 并行：同时执行多个事件。 事件：能够触发其他操作的行为。 条件：逻辑判断（如 if-else 语句）。 运算符：支持逻辑计算与数值计算。 数据：变量与链表的使用。	迭代优化：先开发一些，再尝试一些，然后开发更多。 测试与调试：保证运行正确，出现问题时，找出并解决问题。 复用与重组：在已有基础上进行开发。 抽象化与模块化：发掘整体与局部之间的关系。	表达：将抽象思维具体化呈现的能力。 联系：强调计算思维与其他领域知识、现实问题的整合能力。 质疑：对技术合理性、解决方案的反思。

计算概念指编程时使用的概念，包括顺序、循环、并行、事件、条件、运算符、数据。这七个概念不仅在 Scratch 作品中被广泛应用，也能被应用到其他编程（或非编程）环境中。

计算实践指在编程过程中发展出来的实践技能和体验，主要包括优化迭代、测试与调试、复用与重组、抽象化与模块化。作为计算思维框架的第二步，计算实践侧重于思考和学习的过程，即梳理并描述出作品的创造过程，因而能够有效体现出学生在学习和生活中的一些特质。计算实践可以让学生超越正在学习的内容，转向如何学习。例如，学生创作作品的过程，就是我们所说的设计实践。

计算观念是形成有关世界与自我的观念，用来表示学生使用 Scratch 过程中的"观念转变"，包括表达、联系、质疑。

MIT 的计算思维三维框架，以编程为核心，融合了概念、实践和观念三个维度，可以近似对应大家熟知的知识与技能、过程与方法、情感态度与价值观三维目标。通过对 Scratch 编程语言的学习来促进计算思维的发展，具有较强的操作性，适合小学生和初中生，但因此也受限于编程语言及相关概念。

2. 英国 CAS 的六概念计算思维体系

英国学校计算课程工作小组（CAS）是微软剑桥研究院的教授西蒙琼斯（Simon Jones）联合英国计算机学会（British Computer Society，简称 BCS）、微软、谷歌以及英特尔等组成的计算机教育研究组织。该组织指导的英国中小学计算课程于 2014 年正式实施。CAS 认为计算思维是一种包含了复杂性、零散性、部分定义的、能够将现实问题转化为无人操控的计算机可自动化处理形式的一系列心智技能。[1]（唐瑞等，2015）

---

[1] 唐瑞，刘向永.英国中小学计算思维教育评介[J].中国信息技术教育，2015(23):17—21.

英国计算课程旨在让学生使用计算思维和创造力来理解和改变世界。为了将计算思维理论转变为实际课程，CAS对计算思维核心概念进行梳理，提取出核心概念之后，再给出将核心概念与具体的课堂行为联系在一起的实施策略。(Department for Education, 2013)根据对计算课程的理解和实践探索，在英国南安普顿大学提出的计算思维五大核心概念(算法思想、评估、分解、抽象、归纳)的基础上，CAS于2014年将计算课程系统规划为六个核心概念：逻辑、算法、分解、模式、抽象和评估。2015年，他们在前期研究基础上增添了计算思维方法，包括反思、编码、设计、分析、应用，后来考虑计算思维的教育作用，给出的五种课堂实施方法，包括修补、创造、调试、坚持和合作。这些概念和方法共同组成计算思维的核心概念和实施体系。这六个概念组成的计算思维框架结构清晰，使用简洁的术语与说明，操作性强。

CAS提出的计算思维框架首次把利用计算机解决问题的学科基本概念与实践方法整合在一起，为了便于操作，它用计算机帮助我们解决问题的方式来看待问题，将计算思维过程分解为两步：首先考虑解决问题所需的步骤，然后利用技术技能让计算机处理这个问题。例如，对于计算机动画来说，首先要计划故事情节和如何拍摄，然后使用计算机硬件和软件来创建动画。CAS提出的计算思维六概念的含义和重要性详见表1-3。

表1-3　由核心概念构成的K-12计算思维操作性框架

核心概念	含义	重要性
逻辑	逻辑推理体现为系统化的推理能力和结构化的流程设计，核心是能够解释为什么事物是这样的。 如果你以相同的方式设置两台计算机，给它们相同的指令(程序)和相同的输入，你几乎可以保证相同的输出。这是因为计算机不会凭空捏造事情，也不会根据它们的感觉而产生不同的工作方式——它们是可预测的。正因为如此，我们可以使用逻辑推理来准确地计算出一个程序或计算机系统将做什么。	计算机所做的一切都是由逻辑控制的。从硬件来说，在计算机的中央处理单元(CPU)的深处，执行的每个动作都被简化为基于电子信号的逻辑操作。从软件设计来说，软件工程师一直在使用逻辑推理。他们无论是开发新的有效代码时，还是在测试或调试新软件时，都会依赖逻辑推理。
算法	算法是一组指令或一组规则，通过一组清晰定义的步骤来解决问题的方法。算法不同于程序，算法是为人类编写的，而不是为计算机编写的。算法不是一种学生只要按部就班地执行一些操作就能够解决同类问题的单一的解决方法。	在最快的时间里，用最少的资源(内存或时间)得到最准确的结果，这就是算法解决问题的目标。

续表

核心概念	含义	重要性
分解	分解是一种从部分的角度来考虑问题、算法、加工、过程和系统的方法。在计算机技术中，分解是将任务分成更小、更易于管理的部分的过程。经过分解后，这些零散的部分才能够分别被理解、解决、开发和评估。分解能够将复杂的问题简单化，也能够降低大型系统的设计难度。它帮助管理大型项目，并使解决复杂问题的过程不那么令人生畏，更容易令人承担。通过分解，一个任务可以由几个人组成一个团队一起承担，每个成员为项目的特定方面贡献自己的见解和技能。	将问题分解成更小的部分并不是计算所独有的，这在工程、设计和项目管理中是相当普遍的。软件开发是一个复杂的过程，因此将一个大型项目按照其组成部分进行分解的能力是必不可少的，比如所有不同的元素需要组合在一起才能生成一个像 PowerPoint（幻灯片制作软件）这样的程序。 同样的原理也适用于计算机硬件。智能手机和笔记本电脑都是由许多部件组成的，在组装成成品之前，它们分别由不同的制造商独立生产。
模式	归纳是一种基于已有经验解决新问题的快速方法。可以采用一种能够解决特定问题的算法，并把它运用于解决一系列相似问题中，由此就可以将这种通解方式运用于新的问题解决中。在计算中，为一类问题寻找一种通用解决方案的方法叫作泛化。模式就是归纳和泛化的表达，通过识别模式，我们可以创建规则并解决更普遍的问题，预测可能的结果。	模式可以说是无处不在。计算机科学家努力快速而有效地解决问题，如果他们在一个算法中看到一个模式，就创建一个可重复代码的单一模块，有时称为函数或过程——许多编程语言都有公共函数的共享库。在机器学习中，识别输入数据中的模式起着至关重要的作用。这是计算机科学的一个重要应用，它在股票市场算法交易、人脸识别和车牌识别等系统中发挥着重要作用。

抽象	抽象是除了分解以外的另一种将问题和系统简化的思维方法。抽象就是要把事情简单化——确定什么是重要的，而不需要太担心细节。这种能力是指能够忽略不必要的细节，并保证不遗漏重要部分，是一种能够简单地编写复杂算法或者整体系统的方式，抽象的关键是能够找到系统的、合适的抽象化产物。
	  学校的课程表是典型的对一周所发生事情的抽象概括。它显示了关于班级、教师、教室和时间的关键信息，但忽略了学习目标和活动等更深层的细节。
		抽象使我们能够对事物的不同程度的细节进行思考。它是计算机科学领域的一个强大工具，用于管理许多设计和创造的东西的复杂性。
		  我们可以把抽象想象成层，或者盒中盒，允许我们忽略每个层中发生的事情。软件由代码层组成，每一层都隐藏着下一层的复杂性。除非需要深入研究，可以将硬件项目视为"黑盒"，忽略它们的内部工作。

续表

核心概念	含义	重要性
评估	评估是分析所选用的算法方案能否达到预期的目标。比如，每天我们都会根据一系列的因素来判断自己该做什么、想做什么。在这个评估的过程中，多种算法方案都会被纳入，尽可能以客观和系统的方式做出判断，评估它们是否准确、快速、节约成本、使用方便。没有哪种解决方法可以适用所有的问题，因此，这个权衡评估的过程必不可少。而在评估的过程中，尤其注重对计算思维细节的考量。[1]	评估就是判断产品、解决方案、过程和系统的质量、有效性和效率。我们要确定它们是否适合使用。一种方法是考虑特定的标准，例如设计目标或规范，或用户需求。在计算机科学中，评估是系统和严谨的。

总的来说，以上六种核心概念都可以用于商业、学术、科学等领域的系统问题解决。在实际运用的过程中，各种方法能够相互融合而发挥作用，使用这些核心概念的重点在于使用者的运用技巧以及思维方式。[2] CAS的六概念计算思维操作性定义，证明计算思维是利用计算机科学解决问题的一种强有力的思维方式，这种思维不仅体现在解决某一问题上，更体现在探索模式上，能够去除细节，概括抽象，制定解决问题的步骤，建立仿真模型，对解法进行测验和调试，从而解决所有同类问题。计算思维的独特之处在于其核心是解决问题的过程和方法，并制定可计算的解决方案。

3. 谷歌公司的计算思维四要素定义

谷歌公司探索计算思维（Explore Computational Thinking，简称ECT）团体秉承了周以真"计算思维是一种问题解决方式"的概念，认为计算思维的问题解决分两步：第一步将问题分解；第二步利用所掌握的计算知识找出解决问题的办法，从而提炼出计算思维四要素——分解、模式识别、抽象和算法开发。（见表1-4）

表1-4 计算思维四要素

计算思维要素	含义
分解	把问题进行拆分，同时理清各个部分的属性，明晰如何拆解一个任务。
模式识别	找出拆分后问题各部分之间的异同，观察数据的模式、趋势和规律，为后续的预测提供依据。

---

[1] 唐瑞,刘向永.英国中小学计算思维教育评介[J].中国信息技术教育,2015(23):17—21.
[2] 同上。

续表

计算思维要素	含义
抽象	探寻模式形成背后的一般规律。
算法开发	为解决某一类问题撰写一系列详细的指令,针对相似的问题提供有条理的解决办法。

在 ECT 面向教师的探索计算思维在线课程中,还提出了包括 11 个计算思维概念的计算思维框架,完整梳理和归纳了计算机科学家解决问题的主要思维过程和方法。(见表 1-5)

表 1-5　计算思维框架

术语	定义
抽象	识别关键信息,提取核心思想,过滤必要细节
算法设计	创建用于解决类似问题或执行任务的有序指令序列
自动化	让计算机或机器做重复性任务
数据收集	收集相关的数据
数据分析	通过模式挖掘与洞察理解数据价值
数据表征	用适当的图形、图表、文字或图像来描述和组织数据
分解	将数据流程或问题分解成更小、可管理的部分
并行处理	同步执行多个任务以提高效率
模式泛化	创建模型、规则、原理或观察模式的理论,以测试预测结果
模式识别	观察数据中的模式、趋势和规律
仿真	开发一个模型来模拟现实世界的过程

简单地说,ECT 倡导在应用计算思维的方法和概念解决学科问题的过程中去培养计算思维,因此 ECT 推出的计算思维课程特别区分了计算思维培养和计算机科学学习的不同,以深化对计算思维的认知,同时强调计算思维对其他领域和学科的影响,鼓励制订一个将计算思维整合到多学科课程中的计划,参与将计算思维应用到特定学科领域的综合实践活动,探究计算思维与特定学科相结合的案例,以培养教育者的计算思维。无独有偶,BBC 提出的分解、模式识别、抽象和算法的计算思维四基石,其含义类似谷歌公司的计算思维四要素。

4. 美国 ISTE-CSTA 的计算思维定义

2011年,美国国际教育技术协会(ISTE)、美国计算机教师协会(CSTA)与高等教育、工商界以及 K-12 教育领导者共同形成了可操作的计算思维定义,即计算思维是一个问题解决过程,包括问题的阐述,数据的组织、分析和呈现,解决方案的制定、识别、分析和实施,以及问题解决过程的迁移。[①] 此操作性定义将计算思维划分为六个主要维度,并提供获取计算思维所需要的品质和态度。(见表 1-6)这六个解决问题的过程要素以及五个品质和态度共同构成了 ISTE-CSTA 的计算思维框架。

表 1-6　ISTE-CSTA 的计算思维框架

计算思维是一个问题解决过程,包括(但不限于)以下特征: (1) 明确问题:以一种可以利用计算机或其他工具解决的方式,形式化地阐述问题; (2) 分析数据:逻辑组织与分析数据; (3) 抽象:通过模型与模拟等抽象方式进行数据表达; (4) 设计算法:通过算法思维(一系列有顺序的步骤)进行自动化求解; (5) 评估最优方案:确认、分析及实施可行的解决方案,以达到步骤最有效与资源最优化的目的; (6) 迁移应用:概括问题解决过程并将其推广应用于其他问题。
以下技能是支持和提高计算思维必不可少的品质和态度,包括: (1) 处理复杂性问题的自信心; (2) 解决困难问题时的坚持力; (3) 问题不确定时表现出来的耐心; (4) 处理开放性问题的能力; (5) 与他人沟通与合作以实现共同目标或形成解决方案的能力。

2016年,CSTA 推出《K-12 计算机科学标准》,提出 K-12 计算机科学教育围绕"计算机系统、网络与互联网、数据与分析、算法与编程、计算机科技带来的影响"五个核心概念和七大核心实践——"培养包容的计算机文化、围绕计算机展开合作、识别并定义计算机问题、发展和使用抽象技能、创造计算机作品、测试和改善计算机作品、关于计算机的交流",将计算思维定位为计算机科学学科的高阶思维,并将计算思维细分为九个方面:数据收集、数据分析、数据呈现、问题分解、抽象、算法和步骤、自动化、模拟、并行化。(见表 1-7)

表 1-7　计算思维细分为九个方面

数据收集	系统性获取相关数据
数据分析	通过模式挖掘与洞察理解数据价值

[①] 钱松岭,董玉琦.美国中小学计算机科学课程发展新动向及启示[J].中国电化教育,2016(10):83—89.

续表

数据表征	在适当的图形、图表、文字或图像中描述和组织数据
问题分解	将任务分解为更小、更易管理和控制的部分
抽象	降低复杂性来把握主要概念
算法和步骤	达到某个目的而采取的一系列有序步骤
自动化	把任务转化为计算机可识别的方式并交付机器执行
仿真	过程表示模型，模拟包括使用模型进行实验
并行处理	组织资源同时执行多个任务，达成共同目标

CSTA针对不同年龄层次的学生有不同的能力培养要求，高层次的能力建立在低层次的能力的基础上，随着学龄增加，要求越来越高。CSTA还认为，计算思维不仅仅局限于算法与编程等概念、知识和原理层面，还包括超越算法和编程之外更多的学习结果，包括学生在创建互动媒体过程中的问题分析与解决能力、系统思考与设计能力、社交能力、人格塑造与思维品质发展以及价值观的形成。

ISTE-CSTA计算思维框架提出的六个过程要素与九项核心概念和能力，由于具有可操作性和易评价性，为大多数计算思维教育者所采纳。巴尔等(Barr et al.，2011)提出了中小学教育中融合在不同学科(计算机科学、数学、科学、社会研究和语言艺术)中的计算思维教育内容框架和能力要求，[①]在ISTE-CSTA九项核心概念和能力的基础上，增加了分析和验证模型、测试和验证以及控制结构三项内容。波兰高中信息课的计算思维教育内容是计算思维的六个过程要素及九项核心概念和能力，泽科卡瓦斯基(Czerkawsk，2015)介绍了非编程环境下高等教育领域适用的计算思维在线课程设计案例，课程内容涵盖计算思维的九个核心概念和能力要素。也有学者以计算思维的思考过程为主要内容，如安吉利等(Angeli et al.，2016)认为计算思维是抽象、一般化、分解、算法思维和调试(检测和纠正错误)的思考过程，据此提出了小学阶段计算思维培养的课程框架，主要内容是抽象、一般化、分解、算法和调试五部分，并将其从简单到复杂划分为一、二年级，三、四年级和五、六年级三级。

5. 计算思维定义解析

采用计算思维定义、应用计算思维并将其组成要素与其他学科分享，主要是为了更好地解决问题和发现新问题。(Hemmendinger，2010)多元的计算思维定义并不妨碍它在实践中的广泛应用，但理解了计算思维本质有利于提升我们的实践能力，何况教学和评价也

---

① 刘敏娜,张倩苇.国外计算思维教育研究进展[J].开放教育研究,2018,24(01):41—53.

需要以定义为前提。

从前述关于计算思维的多样定义中可以得出,与计算思维相关的特定思维过程包括:①创造性地解决问题;②求解问题的算法;③问题解决方案迁移;④逻辑推理;⑤抽象;⑥概括;⑦数据的表征和组织;⑧系统思维和评估。计算思维从计算原理、思想和方法的角度表现为对数据算法、递归、抽象等原理的应用;从思维角度表现为算法思维、程序思维、创新思维、批判性思维、问题解决等多种思维的综合;在过程阶段表现为提出问题、组织和分析问题、表征数据、自动化解决方案、分析和实施解决方案、迁移。(刘敏娜等,2018)对计算思维定义的解析,可以从偏向抽象概念还是偏向实践操作,或者侧重计算科学知识学习还是侧重思维能力培养两个维度开展。其中,偏抽象概念的解析倾向于定义计算思维的普遍特征,而偏实践操作的解析倾向于阐述计算思维培养过程中的操作性定义及要素;知识学习的角度侧重于开展基于计算科学的教与学,如算法、纠错等;而思维培养的角度侧重于聚焦解决问题的思维构建,如抽象、表达等。[①] 周以真对计算思维的定义偏重抽象概念和思维培养。我们国家《普通高中信息技术课程标准(2017年版2020年修订)》则偏重实践操作和知识学习。也可以从问题解决和信息表达的视角解析计算思维定义。问题解决视角的计算思维定义是面向编程解决问题的分析过程和设计过程,可以简称为"过程思维";信息表达视角的计算思维定义主要针对现代数字化媒体背景下的数字化视觉媒体运用,因此可以称之为"可视化思维"。两种视角混合的计算思维定义构建了基于问题解决的过程思维和可视化思维的集成,不仅强调计算思维的思维过程,更强调教育实践中的可操作性,培养学习者的逻辑和分析技能,因而在实践中比较常见。也有文章将计算思维定义解析为特定领域类和通用领域类,例如计算机科学和编程中的问题解决就是特定领域类,而解决日常生活中的系统问题和学习过程就是通用领域类。还有学者将计算思维区分为三个相互交织的宏观类别:一是通用定义(如将计算思维作为与计算/编程学科产生共鸣的思维过程,但强调计算思维可以独立于计算/编程);二是操作模型定义(将计算思维分解为一系列基本能力/实践,如抽象和概括,这些能力/实践牢固地根植于计算机科学和计算,但在其他领域也适用);三是与教育和课程框架相关联的定义(这类定义本质上涉及受计算机科学启发的解决问题的方法或适用于计算)。

欧盟在梳理了不同视角的计算思维定义后,从中抽取计算思维概念应用解释、评估及相关实践的范围,将计算思维定义分为三类:第一类定义,计算思维是被理解为开发可由计算代理(如计算机和机器)处理和执行解决方案的一种思维方式,还包括对适用计算公式的真实世界问题的各个方面的识别;第二类定义,计算思维是一种解决问题的思维方式

[①] 郁晓华,肖敏,王美玲.计算思维培养进行时:在K-12阶段的实践方法与评价[J].远程教育杂志,2018,36(2):18—28.

(思维过程);第三类定义,计算思维是一种通过算法解决各种背景和学科中真实和重要问题的可转移和可应用的思维技能。(Joint Research Centre,2022)

正确理解计算思维的内涵,还需把握计算思维的特征。计算思维与其他思维技能的不同在于突出计算原理、思想和方法的应用,计算思维不仅是一个解决问题的过程,而且问题的最终解决方案必须以允许计算代理执行的方式表达。周以真这样描述计算思维的特征:是人的思维,不是计算机的思维;是概念化的,不是程序化的;是基础的,不是机械的技能;是思想,不是人造品;是数学和工程思维的互补与融合;是一种普适技能,将融入生活的方方面面。计算思维是人们在应用计算科学的原理、思想和方法解决问题中形成的一系列思维技能或模式的综合,是一种动态、普适的思维技能,即在不同场景和学科背景下,其应用表现为不同的实践形式或阶段,并非固定、机械的过程。(Wing,2006)

欧盟将计算思维分为与通用问题解决相关的计算思维和与编程、计算相关的思维两类,并列举所包含的思维要素。(见表1-8)尽管可使用的定义多种多样,但仍有可能确定一组计算思维的核心概念:抽象算法思维、自动化、分解和泛化。与这些概念相关的态度和技能包括创建计算人工产品、测试和调试、协作和创造力,以及处理开放式问题的能力。

表1-8 关于计算思维技能发展的概念(Joint Research Centre,2022)

与通用问题解决相关的计算思维	与编程和计算相关的思维
抽象	算法思维
数据分析	算法设计
数据收集	自动化
数据表示	布尔逻辑
分解	计算
效率	计算模型
评估	条件
概括	数据类型
逻辑与逻辑思维	事件
建模	函数
模式与模式识别	迭代
跨学科整合	循环(重复)
模拟系统思维	模块化
可视化	递归
	顺序
	测试和调试
	线程(并行执行)

"计算思维"定义的不断演进表明,计算思维是我们理解和生存于充满技术的世界的有利工具。计算思维一方面以计算机科学为基础,需要学生掌握计算机科学或者信息学概念;另一方面计算思维是问题解决的能力,培养的是学生的数字胜任力或者说数字素养。

二、问题解决能力

计算思维是计算机科学领域中最基本的思想方法,体现在问题解决所涉及的抽象、分解、建模、算法设计等思维活动中。具备计算思维的学生,能对问题进行抽象、分解、建模,并通过设计算法形成解决方案;能尝试模拟、仿真、验证解决问题的过程,反思、优化解决问题的方案,并迁移运用于其他问题。因此,落实计算思维的路径就是让学生亲历计算机科学领域的问题解决的全过程。那么,是不是学生亲历一次这样的问题解决全过程就具备了计算思维呢?当然不是。思维的从无到有、从有到内化是一个相对复杂、艰难的过程。学生需要不断亲历问题解决全过程,随着问题由简单到复杂,随着解决问题能力的不断提升,计算思维才能逐步形成。

在初中信息科技教育中,通过跨学科主题学习来提升学生的计算思维,尤其是问题解决能力,是一个多维度的过程。

1. 明确主题与目标,整合跨学科知识

首先,设计跨学科主题学习活动时,需要明确一个中心主题,如"环境保护与智能技术"或"科技与社会发展"。在此基础上,设定具体的学习目标,旨在通过整合语文、数学、科学等多学科知识,让学生在解决实际问题的过程中,自然而然地运用计算思维。例如,在探究环保技术应用时,学生需运用数学知识分析数据,利用科学知识理解技术原理,并通过语文写作阐述观点,这种综合应用促进了学生对问题的全面理解和解决能力的提升。

2. 引入项目化学习与探究性学习

项目化学习和探究性学习是提升计算思维中问题解决能力的有效手段。教师可以设计跨学科的项目,如"设计一款智能垃圾分类系统",要求学生从需求分析、系统设计、算法实现到测试评估全程参与。在这个过程中,学生需运用计算思维中的抽象、分解、建模等技能,将复杂问题拆解为可操作的子任务,并通过编程、数据分析等手段制定解决方案。同时,探究式学习鼓励学生主动探索、发现问题,并尝试用计算思维的方法去分析和解决,从而培养其独立思考和创新能力。

3. 强化计算思维技能训练

跨学科主题学习还应特别注重计算思维技能的训练。这包括逻辑思维、批判性思维、算法思维等。教师可以通过设计一系列有针对性的练习和活动,如编程挑战、数据分析竞赛等,让学生在实践中不断磨炼这些技能。同时,引导学生关注问题的本质,学会从多个角度审视问题,运用多种方法解决问题,从而培养其灵活应对复杂问题的能力。

4. 鼓励合作与创新,培养综合素养

跨学科主题学习强调团队合作和创新精神。在解决问题的过程中,学生需要相互协作、交流思想、分享资源,这有助于他们拓宽视野、激发灵感。教师可以组织小组讨论、合作项目等活动,让学生在团队中共同面对挑战、解决问题。同时,鼓励学生勇于尝试新方法、新思路,敢于挑战传统观念,培养他们的创新意识和创造力。这种综合素养的提升,不仅有助于学生在信息科技领域取得优异成绩,更为其未来的全面发展奠定了坚实基础。

初中信息科技中通过跨学科主题学习提升计算思维中的问题解决能力,需要从明确主题与目标、引入项目化与探究式学习、强化计算思维能力发展以及鼓励合作与创新四个方面入手,全面培养学生的综合素养和创新能力。

表 1-9 信息科技课程对中国学生发展核心素养基本要点的落实情况分析

基本要点	学段	具体描述	在核心素养中的落实
问题解决	第一学段 (1—2年级)	初步了解解决问题的方法,知道一个问题可以有不同的解决方法。	知道一个问题可以有多种解决方法,喜欢发现问题,乐于用图符的方式进行表达。
	第二学段 (3—4年级)	知道一个问题可以有不同的解决方法,在成人的指导下根据特定情境和具体条件选择适当的方法。	能将问题进行分解,并用文字或图示描述解决问题的顺序。
	第三学段 (5—6年级)	1. 知道一个问题可以有不同的解决方法,在成人的指导下根据特定情境和具体条件选择适当的方法,并制定解决问题的方案。 2. 在实践中实施解决问题的方案,并检查问题是否得到解决。	1. 按照任务需求,有意识地应用反馈来优化解决问题的过程。 2. 在一定的活动情境中,能对简单问题进行抽象、分解、建模,制定简单的解决方案。 3. 在问题情境中,能够利用信息科技开展数字化学习与交流,合作解决学习问题。
	第四学段 (7—9年级)	1. 能在生活和学习中主动发现并提出问题,能用合理的方式表述并呈现问题。 2. 能遵循一定的规范流程,综合运用各种学科知识解决问题。	1. 认识到互联网、物联网和人工智能对社会发展的影响,善于使用信息科技解决学习和生活中的问题。 2. 合理运用信息科技获取、加工、管理和评价学习资源,解决学习问题。 3. 崇尚科学精神、原创精神,具有自主动手解决问题、掌握核心技术的意识。

在问题解决过程中,要注重以科学原理指导实践应用。强化信息科技学习的认知基础,注重基本概念和基本原理的学习。探索"创景分析—原理认知—应用迁移"的教学,从生活中的信息科技场景入手,引导学生发现问题,提出问题,在已有知识基础上分析、探究现象的机理,学习、理解相应科学原理,尝试用所掌握的原理解释相关现象,解决相关问题。[1]

三、系统设计和行为理解

计算思维中,对系统设计和行为的理解可以从以下四个方面进行阐述。

1. 抽象与分解

计算思维强调在处理复杂系统时,首先通过抽象将问题简化,再将其分解为更小、更易管理的部分。在系统设计中,这意味着设计者需要识别出系统的核心功能和组件,通过抽象的方式去除不必要的细节,从而构建一个清晰、简洁的系统框架。同时,分解过程有助于并行处理各个子任务,提高设计效率。这种思维方式使得系统设计更加灵活和可扩展,能够应对未来可能的变化和需求。

2. 算法与模型

计算思维的核心在于利用算法和模型来解决问题。在系统设计中,算法用于指导系统如何执行特定任务,而模型则用于描述系统的结构、行为和性能。通过选择合适的算法和模型,设计者可以确保系统的高效性和准确性。此外,计算思维还鼓励设计者不断优化算法和模型,以适应系统运行的实际情况和外部环境的变化。

3. 递归与并行处理

递归思维是计算思维的重要组成部分,它允许设计者将大问题分解为小问题,并通过递归调用自身来解决这些小问题。在系统设计中,递归思维有助于处理具有层次结构或递归性质的问题,如文件系统的目录结构、网络协议的分层模型等。同时,并行处理也是计算思维的重要特征之一,它允许系统同时处理多个任务,提高系统的吞吐量和响应速度。通过合理的任务分配和调度,设计者可以充分利用系统资源,实现高效的并行处理。

4. 关注系统行为与反馈

计算思维不仅关注系统的设计和实现过程,还重视系统的行为和反馈机制。在系统设计中,设计者需要考虑系统的输入、输出以及它们之间的相互作用关系,确保系统能够按照预期的方式运行。同时,设计者还需要建立有效的反馈机制,以便在系统运行过程中及时发现和纠正问题。这种关注系统行为与反馈的思维方式有助于确保系统的稳定性和可靠性,提高用户体验和满意度。

---

[1] 李锋.信息科技课程:从信息素养到数字素养与技能[J].中小学信息技术教育,2022(7):8—10.

可见,计算思维为系统设计和行为提供了有力的指导。通过抽象与分解、算法与模型、递归与并行处理以及关注系统行为与反馈等思维方式的应用,设计者可以构建出高效、可靠、可扩展的系统解决方案。

四、计算思维的课标诠释

2022年教育部发布《义务教育信息科技课程标准(2022年版)》指出:"计算思维是个体运用计算机科学领域的思想方法,在问题解决的过程中涉及的抽象、分解、建模、算法设计等思维活动。具备计算思维的学生,能对问题进行抽象、分解、建模,并通过设计算法形成解决方案;能尝试模拟、仿真、验证解决问题的过程,反思、优化解决问题的方案,并将其迁移运用于解决其他问题。"[①]

基于《义务教育信息科技课程标准(2022年版)》,计算思维作为信息科技课程的核心素养之一,其重要性不言而喻。以下从四个部分对计算思维进行诠释。

(一)计算思维的定义与内涵

计算思维是指个体运用计算机科学领域的思想方法,在问题解决过程中涉及的抽象、分解、建模、算法设计等思维活动。它不仅仅局限于编程技能,而是一种跨学科的思维方式,能够帮助学生更好地理解和应对复杂问题。具体而言,计算思维包括将复杂问题分解为简单子问题、识别和利用问题中的模式、设计并优化算法等能力。

(二)计算思维在信息科技课程中的地位

在《义务教育信息科技课程标准(2022年版)》中,计算思维被明确列为信息科技课程的核心素养之一,与信息意识、数字化学习与创新、信息社会责任共同构成信息科技课程的培养目标。这一标准强调,通过信息科技课程的学习,学生应能够运用计算思维解决实际问题,提升数字素养与技能,为未来的学习和生活奠定坚实基础。

(三)计算思维的培养路径

1. 基础概念与原理学习

在小学低年级,注重生活体验,引导学生初步了解信息科技的基本概念和原理。通过生动的实例和实践活动,激发学生的学习兴趣,为后续学习打下基础。

2. 算法与编程实践

在小学中、高年级和初中阶段,逐步引入算法和编程内容。通过学习和实践,学生能够掌握算法的基本结构和描述方式,使用自然语言、流程图等方式描述算法,并尝试使用编程语言实现算法。

---

① 中华人民共和国教育部.义务教育信息科技课程标准(2022年版)[M].北京:北京师范大学出版社,2022:5.

3.问题解决与项目驱动

以真实问题或项目为驱动,引导学生经历原理运用过程、计算思维过程和数字化工具应用过程。通过解决实际问题,培养学生的计算思维能力,提升其问题解决能力和创新能力。

4.跨学科融合

将计算思维与其他学科相融合,如数学、物理、艺术等。通过跨学科的学习和实践,学生能够更全面地理解和应用计算思维,提升综合素养。

(四) 计算思维的价值与意义

计算思维在现代社会中具有广泛的应用价值。它不仅能够帮助学生更好地理解和应对复杂问题,还能够提升学生的创新能力和自主学习能力。同时,计算思维也是未来社会所需的重要能力之一,对于培养学生的数字素养和技能具有重要意义。通过信息科技课程的学习,学生将掌握计算思维的基本方法和技能,为未来的学习和生活奠定坚实基础。

综上所述,计算思维作为信息科技课程的核心素养之一,其重要性不言而喻。通过系统的学习和实践,学生将能够掌握计算思维的基本方法和技能,提升数字素养与技能,为未来的学习和生活奠定坚实基础。

五、跨学科实践应用

在《义务教育信息科技课程标准(2022年版)》的框架下,计算思维不仅是信息技术课程的核心,更是跨学科实践应用的重要桥梁。以下从三个方面阐述计算思维的跨学科实践应用。

1.真实问题解决中的跨学科融合

计算思维强调将复杂问题分解为可管理的部分,并通过算法设计找到解决方案。在跨学科实践应用中,这一过程尤为关键。例如,在解决环境保护问题时,学生可以利用计算思维分析污染数据的趋势,设计算法模拟不同治理方案的效果,同时结合地理、化学等学科的知识,提出综合解决方案。这种跨学科的融合不仅加深了对问题的理解,也促进了多领域知识的整合与应用。

2.创意设计与创新实践

计算思维鼓励学生通过编程、建模等方式将创意转化为现实。在跨学科创新实践中,学生可以将计算思维与艺术、设计等领域相结合,创造出具有实际应用价值的作品。比如,在设计一款智能家居产品时,学生需要运用计算思维分析用户需求、设计系统架构,并结合电子工程、人机交互等知识实现产品的功能。这一过程不仅培养了学生的创新思维和实践能力,也促进了技术与人文的融合。

3. 社会责任与伦理考量

在跨学科实践应用中，计算思维还需关注社会责任与伦理问题。随着信息技术的发展，数据隐私、网络安全等问题日益凸显。因此，在培养学生计算思维的同时，还需引导他们关注技术应用的伦理边界和社会影响。例如，在开发教育软件时，学生应考虑如何保护用户隐私、避免信息泄露等问题；在利用算法进行社会决策时，则需关注算法的公正性、透明度和可解释性。这种跨学科的社会责任教育有助于培养具有社会责任感和道德意识的信息科技人才。

概念辨析

计算与计算思维

计算现在被视为研究自然的和人工的信息处理过程的科学。丹宁（Denning, 2003）认为，计算思维是人们参与制定问题解决方案并将解决方案表示为可由信息处理代理有效执行的计算步骤和算法的思维过程。丹宁将"作为一门学科的计算"通过一组支持应用领域的核心技术来描述。作为计算科学的核心思维方法，计算思维已经成为和逻辑思维、实证思维并列的当代科学三大思维之一。计算思维既有科学的成分，又具有工程技术的特征。科学中有对与错、是与非、正确与否的判定，而工程中存在着可行与不可行之分。现实世界的问题可以分为两种：可计算的和不可计算的。在解决问题的过程中，除了需要拓展人的思维能力以及计算工具的性能，用人的思维来提高计算机解决问题的效能也很重要。

第二节　计算思维的培养路径

计算思维的培养路径可概括为：从基础理论学习入手，掌握计算机科学基本概念；通过编程实践、项目解决，将理论应用于实际；跨学科融合，促进计算思维在其他领域的运用；利用游戏化教学和案例分析，增强学习兴趣与理解；鼓励自主学习与探索，培养解决复杂问题的能力，从而在实践中不断锤炼和提升计算思维。

一、基础概念与原理学习

计算思维的培养，首先需深入理解其基础概念与原理，这不仅是理论知识的构建，更是实践应用的前提。以下从四个方面进行概述。

1. 基础概念认知

计算思维的基础概念包括抽象、算法、数据结构与模式识别等。抽象是提取问题的本质特征,忽略非本质细节的过程。例如,在编程中,将现实世界的问题抽象为数学模型或计算模型,如使用变量代表实际生活中的数据。算法则是解决问题的步骤和规则的有序集合,如求解一元二次方程的算法。数据结构则是组织和存储数据的方式,如使用数组来存储班级学生的成绩。在初中信息科技跨学科主题学习中,可以将数学中的函数与编程中的函数概念相结合,让学生理解抽象和算法的应用,如在解决几何问题时,设计算法来计算图形的面积或周长。

2. 算法设计与实现

算法设计是计算思维的核心,它要求学生能够将复杂问题分解为一系列简单的步骤,并设计出有效的解决方案。例如,在解决"找出一组数中的最大值"问题时,可以设计一个简单的算法,通过遍历数组并使用比较操作来找到最大值。在实现过程中,学生需要掌握流程控制(如循环、条件语句)等编程结构。在信息科技跨学科主题学习中,可以结合物理学科中的实验数据处理,让学生设计算法来处理和分析实验数据,如计算平均速度、加速度等,从而培养学生的算法设计与实现能力。

3. 数据结构与数据处理

数据结构是计算思维的重要组成部分,它决定了数据的组织方式和操作效率。在初中阶段,学生应了解基本的数据结构(如数组、链表)及其操作(如查找、排序)。例如,在解决"图书管理系统"的问题时,可以引导学生使用数组或链表来存储图书信息,并设计算法来实现图书的添加、删除、查找等功能。同时,数据处理也是必不可少的环节,包括数据的清洗、转换和分析。在信息科技跨学科主题学习中,可以结合生物学科中的生态调查数据,让学生使用数据结构来存储和分析生物种类、数量等信息,进一步理解数据结构与数据处理的重要性。

4. 跨学科融合应用

计算思维的最终目的是解决实际问题,因此跨学科融合应用是其重要体现。在初中信息科技跨学科主题学习中,可以将计算思维与其他学科相结合,设计综合性的学习项目。例如,在历史学科中,可以设计"古代文明数字博物馆"项目,让学生利用信息技术手段(如图像识别、数据库管理)来收集、整理和展示古代文明的相关资料;在地理学科中,可以设计"气候变化模拟系统"项目,让学生运用计算思维来分析气候变化的数据、设计模拟算法并展示结果。这些跨学科项目不仅有助于学生深入理解计算思维的应用价值,还能培养他们的综合运用能力和创新意识。

计算思维的培养需要从基础概念认知、算法设计与实现、数据结构与数据处理以及跨学科融合应用四个方面入手。通过系统学习与实践应用相结合的方式,可以逐步提高学生的计算思维能力,并为他们未来的学习和工作奠定坚实的基础。

二、问题解决能力的培养

计算思维,作为信息时代人人必备的核心技能,其培养路径紧密围绕问题解决能力的培养展开。这一过程不仅关乎技术与技能的掌握,更在于思维模式的转变与深化。以下从三个关键维度——理论知识与实践结合、跨学科融合学习以及批判性与创造性思维的激发来阐述计算思维的培养路径。

1. 理论知识与实践相结合

计算思维的培养首先依赖于坚实的理论基础,但理论知识的学习不应孤立于实践之外。通过将理论知识与实际问题解决过程紧密结合,学生能够在实践中深化对理论的理解,同时锻炼其将抽象概念应用于具体情境的能力。比如,在编程课程中,教师可以设计一系列基于学生现实生活的问题,设计主题项目,如开发一个校园导航 App。学生首先需要学习编程语言的基础知识,如变量、循环、条件判断等,随后将这些知识应用于 App 的开发中。在项目实现过程中,学生不仅要编写代码,还需考虑用户体验、界面设计、数据处理等多个方面,这样的实践过程不仅巩固了编程技能,也培养了学生在复杂情境中运用计算思维解决问题的能力。

2. 跨学科融合学习

计算思维的培养不应局限于计算机科学领域,而应鼓励跨学科的学习与融合。通过将计算思维与其他学科(如数学、物理、艺术、社会科学等)相结合,可以拓宽学生的视野,激发创新思维,使其能够在更广泛的领域内应用计算思维解决问题。比如,在生物学教学中,教师可以引入生物信息学的概念,让学生利用编程技能分析基因序列数据,探究生物进化的规律。这样的跨学科项目不仅要求学生掌握基本的编程和数据分析技能,还需要他们理解生物学的基本原理和实验方法。通过这种跨学科融合学习,学生能够在解决实际问题的过程中,将计算思维与生物学知识紧密结合,从而培养其综合运用多学科知识解决实际问题的能力。

3. 批判性与创造性思维的激发

计算思维的培养还强调批判性和创造性思维的培养。在问题解决过程中,学生需要学会质疑、分析、评估和创造,以形成独特的见解和解决方案。这种思维方式的培养对于培养学生的创新能力和解决复杂问题的能力至关重要。比如,在机器人竞赛项目中,学生不仅需要设计并搭建机器人,还需要为机器人编写控制程序,使其能够完成特定任务。在这个过程中,学生需要不断尝试、调整和优化设计方案,同时面对各种挑战和不确定性。通过参与这样的竞赛项目,学生可以学会如何在复杂问题情境下保持冷静、如何分析问题根源、如何创造性地提出问题解决方案。此外,竞赛过程中的团队合作和沟通也为学生提供了锻炼批判性思维和人际交往能力的机会。

因此,计算思维的培养路径应注重理论知识与实践的结合、跨学科融合学习以及批判性与创造性思维的激发。通过这些措施的实施,可以有效提升学生的问题解决能力,为其未来的学习和职业生涯奠定坚实的基础。同时,这些措施也有助于培养学生的创新思维和终身学习能力,使他们能够更好地适应快速变化的社会环境。

三、实践操作与项目实践

计算思维是以计算机(人或机器)能够有效执行的方式来表征问题和表达其解决方案的思维过程。

——卡内基梅隆大学周以真教授

计算思维是问题求解的一系列思维活动,它包括发现和提出问题,并以计算机或者人以及两者都能理解的方式找到解决方案。丹宁主张计算思维是一项实践,一种做事的方式,而不是一种原理。计算思维的培养应该在解决问题的实践中完成,在实践中培养学习者不同水平的能力。(Denning et al.,2009)美国国家研究委员会指出,计算思维与其他学科共享了一些可以应用于 STEM 教育的实践。(National Research Council,2011)艾勒姆·贝赫付蒂(Elham Beheshti)在 2017 年做了一项针对 STEM 从业者在实际工作中对于计算思维使用情况的调研,针对"在真实的科学研究环境中使用了哪些计算思维实践?"这一问题,得出最常用的四类计算思维实践:一是在数据实践中分析数据;二是在建模和仿真实践中使用计算模型进行测试并找到解决方案;三是计算问题解决实践中的编程;四是在系统思考实践中定义系统和管理复杂性。计算思维实践的每个主要类别在不同学科中所占的比例大致相同:约 30% 使用数据分析,约 20% 使用建模和仿真,30%—35% 使用计算解决问题,15%—20% 使用系统思考。(Beheshti,2017)这一调研结果让我们更深入地了解科学家在日常工作中如何使用计算机,以及计算思维实践在科学研究中是如何使用的;更加明确要教育学生成为未来的科学家、工程师和数学家就必须懂得如何利用计算工具和方法来实现科学目标,因此,将计算以"计算思维实践"的方式引入 STEM 教育的重要性和必要性就更加突出。艾琳·李(Irene Lee)等人提出,计算思维可以应用于建模/仿真、机器人和游戏设计三种实践。(Lee et al.,2011)

(一)计算思维实践的依据

计算思维本身并不是一门学科,必须在正确的语境中才能理解计算思维。就像物理内部有数学、化学内部有物理一样,这种横向的联系并不意味着数学或物理只存在于对其他学科有帮助的语境中,事实是它们都有属于自己的学科本质特征。计算机科学及其计算思维虽然也贯穿其他学科,但计算思维首先是计算机科学家思考和解决问题的方式,所以作为中小学教育中的计算思维实践,必须首先建立在计算机科学语境下,基于计算机科学的基本思想、概念和实践来开展与真实世界问题的关联。以美国数字承诺组织推荐的计算思维实践框架(见图1-2)为例,该框架将纳入 K-12 教学和学习实践的计算思维表达在三个同心圆里。在最外围的圆圈里,计算思维技能是使用计算工具解决问题所必需的认知过程,包括分解、抽象、模式识别、算法思维、调试和工具选择。在中间的圆圈里,应用编程化、数据实践和开发计算模型等计算思维实践构成了计算问题解决的主要途径。在最核心的圆圈里,包容性教学法将应用程序与学生的兴趣和经验联系起来,是保证所有学习者参与计算的实施策略。(Milis et al.,2021)

接下来从计算机科学的要素开始,重点解释分解、抽象、模式识别、算法和评估等计算思维实践中常用的概念,并以计算模型、数据实践和自动化联系计算实践。

1. 分解

计算思维是解决复杂问题的思维能力,而分解就是计算思维的核心。分解就是把一个复杂问题分解成容易解决的小问题的过程。分解通常可以把一个巨大的任务,如需要思考的问题、大的算法、要制造的产品、问题解决过程和系统等,分解成几个更小、更易管理的任务;然后,可以分别理解、解决、开发和评估这些单独的部分,从而逐一解决这些问题;最后,将各个部分的解决方案组合成一个完整的解决方案,就解决了原来的大问题,这使得复杂的问题更容易解决,大型系统更容易设计。例如,无人驾驶技术就是一个很大的综合性问题,从基于机器学习和机器视觉的算法,叠加移动通信技术和云计算,到机器人操控技术,都是它涉及的领域。从计算思维分解的角度,无人驾驶这个错综复杂的人工智能问题,也就分为感知环境、做出决策和开始行动三个步骤。这三个步骤串行执行,无人驾驶系统就是很多个这样的串行步骤同时执行的过程。真实的计算机系统可能会继续把决策分成若干更小的步骤,也可能要处理各种边界条件,但是它解决问题的思维方法就是分解。如果我们正在开发一款游戏,不同的人可以独立设计和创造不同的关卡,前提是事先就关键方面达成一致。通过对原始任务的分解,每个部分都可以在稍后的过程中进行开发和集成。简单的街机关卡也可以分解成几个部分,如角色活灵活现的动作、滚动背景和设定角色互动规则。编程问题也是一个典型的问题分解过程,编程过程就是把一个大问题分解成计算机可以单独运作的子问题,再用计算机可以理解的指令清晰地描述出来。所以编程的关键不是写指令而是要想清楚如何一步步地解决问题,因此有了计算思维,会让编程变得更简单。本书前面关于计算思维的操作性定义也是一个很好的分解的例子,它将计算思维分解为一系列牢固地植根于计算机科学和计算的基本能力和实践,如抽象和概括等,便于我们认识和培养计算思维。

2. 抽象

抽象是指观察一个情况或问题,并分辨出基本和非基本组成部分,从而只关注关键信息而忽略不必要的细节的过程。我们常说的学习金字塔模型(见图1-1),就是观察总结并归纳出所有金字塔的共同特征得出的一个抽象模型。生活中的地铁图、公交图、公园景点图等也是一种抽象,它略去没用的信息,只保留有用的信息,例如地铁路线图和公园景点图的比例不会很准确,人们关心的是站点和景点位置与名称,以及首末车时间等,而交通导航图的距离则必须准确。抽象直指事物相关和重要的信息,从无关细节中分离出核心信息,使问题或系统更容易被思考。抽象的关键在于选择正确的细节来隐藏,这样不仅让问题变得更容易,同时又不会失去任何重要的东西。周以真明确指出计算思维的本质是抽象,是最一般意义上的抽象,是决定哪些环节需要强调,哪些环节可以省略的过程,是计算思维的基础。抽象作为计算思维的四个基本概念之一,要求在与计算机对话时,删除物理空间和时间细节,以集中解决关键问题。抽象和算法与数据结构密切相关。例如,排序算法,无论是排简单的数字1、2、3,还是排学生的身高,还是按照字母顺序从A到Z进行单词索引,只要排序的东西可以比出大小或先后顺序,排序算法就有效,这就是一个典型的抽象的例子。不同于数学和物理学的抽象,计算思维的抽象更一般,数学的抽象是一种特殊性抽象。(Wing,2008)

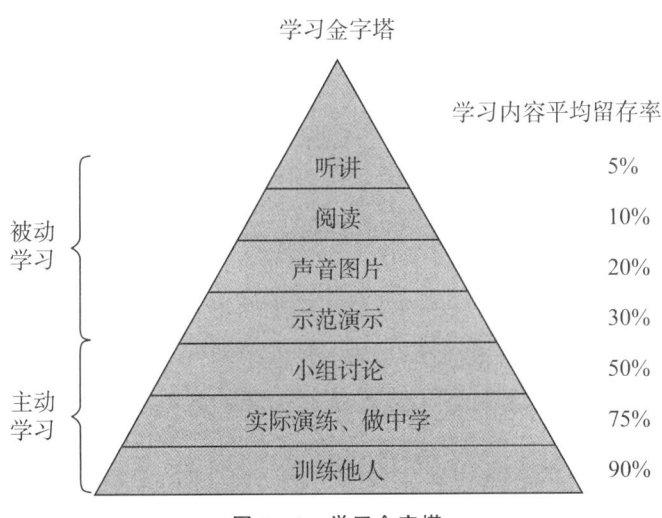

图1-1 学习金字塔

计算机科学本身就是抽象的自动化,因此计算思维中最重要、最高级的思维过程就是抽象过程。抽象用于捕获一组对象的基本共同属性,同时隐藏它们之间无关的区别,通过定义模式从特定实例中实现一般化和参数化。例如,算法是接受输入、执行一系列步骤并产生输出以满足预期目标的流程,我们设计有效的算法,本质上包括设计抽象数据类型,数据类型定义了一组抽象值和使用这些值的操作,对使用数据类型的用户隐藏了这些值的实际表示形式。过程也是一种抽象,当我们玩扑克牌时,每个玩家都知道"洗牌"的意思是按照随机顺序放牌,"洗牌"这个抽象概念代表了一个洗牌的动作执行过程。在电脑游戏中执行"洗牌"意味着随机给玩家纸牌的方式,我们可以在整个程序中引用"洗牌"这一抽象过程,并理解其含义,而不必考虑程序实际上是如何进行洗牌的。尽管该程序确实包括一个描述如何洗牌动作执行的地方。再举个例子,学习法国印象派画家莫奈的作品时,学生可以在画廊里拍摄一幅干草堆的数码照片。这样做的过程中,他们已经在计算机上创建了一个以像素表示的图像并且可以很容易地操纵这个图像,这在现实世界中是很难做到的。例如,颜色可以通过算法改变,这样就可以创作出一系列不同但又相关的版本。

周以真指出,抽象是用来定义模式、从实例中概括以及参数化的过程。抽象捕获一组对象的一般本质特征,而隐藏它们之间不相关的区别,抽象赋予计算机科学家衡量和处理复杂性的能力。哥伦比亚大学计算机科学名誉教授阿尔弗雷德·法诺·阿霍(Alfred Vaino Aho)和斯坦福大学计算机科学名誉教授杰弗里·戴维·乌尔曼(Jeffrey David Ullman)是 2020 年图灵奖获得者,他们在编程语言实现(programming language implementation)领域基础算法和理论方面成就卓越,他们将计算机科学定义为抽象的机械化,认为计算机科学是一门抽象科学——为思考问题创建正确的模型,并设计适当的机械化技术来解决它。出于同样的原因,计算思维包括通过计算实现抽象的自动化[①],熟练使用计算思维需要数据结构和内存分配的虚拟可视化,抽象和数据抽象的重要性再怎么强调也不过分。森古普塔等(Sengupta et al.,2013)分析了哲学的抽象,提出哲学家洛克将抽象分为特殊抽象和一般抽象两类。特殊抽象限定应用在特定时空下,一般抽象可以应用于不同情境。在洛克的观点中,抽象是从特殊事物中获得同类事物一般特征的心理过程。基于此,森古普塔等人认为周以真所提的抽象是哲学家洛克所提的一般抽象。

计算抽象建构在数学抽象之上,比数学抽象更为丰富和复杂。数学抽象的特点是抛开现实事物的物理、化学和生物等特性,仅保留其量的关系和空间的形式。计算抽象则完全超越物理的时空观。比如,堆栈是计算科学中常见的一种抽象数据类型,这种数据类型就不可能像数学中的整数那样进行简单的"加"运算。此外,算法也是一种抽象,也不能将两个算法简单地放在一起构建一种并行算法。

计算思维的抽象和其他领域的抽象的不同在于,计算思维的抽象引入了层的思想。抽象有不同层次,两层次之间存在良好的接口,计算机科学家通常在至少两层之间进行活动处理。周以真就曾强调计算机和计算机科学中多层编码信息的复杂性,包括多层之间

[①] 朱玉莲,刘佳,江爱华.人工智能问题求解与计算思维教学初探——以南京航空航天大学为例[J].工业和信息化教育,2018(9):57—60.

的内部关系和相互关系,同时强调这些心智的丰富抽象思维最终是由计算机自动完成的。计算科学的抽象赋予人类扩展和处理复杂问题的能力,在计算中根据抽象层来构建系统时,只关注同层或相邻层之间的形式关系(如"使用""细化"或"实现""模拟")。例如,高级语言编写程序就是构建于底层硬件、操作系统、文件系统等较低的抽象层,依赖编译器来正确地实现语言的语义。因特网的 TCP/IP 层使大量不可预见的应用程序能够在上面的层激增,使大量不可预见的平台、通信媒体和设备能够在下面的层激增。计算思维通过定义抽象、确定多个层次的抽象、理解不同层次抽象的关系来处理抽象细节。正如康斯特布尔(Constable)所指出的,尽管物理学和数学也以抽象为核心,但计算思维与其不同的是抽象层次的紧密联系,这些联系在自然科学中并不存在。(National Research Council, 2010)

3. 模式识别

模式是指许多不同实例所共有的某种属性。模式识别就是要找出不同问题的共同点,在差异中找出潜在的规律性,在理想情况下,它能让我们生成共享属性的新实例,也就是举一反三的效果。模式识别可以帮助我们使用或者改进已经存在的解决方案来解决一系列相似问题。模式识别是一个一般化、泛化、归纳或者概括的过程,是一种基于我们已经解决的问题快速解决新问题的方法。我们可以用一个算法来解决一些特定的问题,然后对它进行调整,这样它就能解决一类相似的问题。当我们需要解决这类新问题时我们就应用这个通解。模式可以是包含信息和计算的模板,也可以是数据的变量和表达式,还可以是子程序等。

例如,在 Logo 语言中让小海龟画出一系列的形状,比如正方形和三角形。这个学生写了一个计算机程序来画出这两种形状。然后,他想画一个八边形和一个十边形。通过对正方形和三角形的研究,他发现了形状中边的数量和涉及的角度之间的关系。他就可以编写一种算法来表达这种关系,并使用它来绘制任何正多边形。[①] 在语文教学中使用双气泡图寻找不同和共性也可以看作模式识别,例如进行《丑小鸭》和《灰姑娘》的故事对比,寻找共性和不同。在游戏教学中,学生通过几个游戏(打地鼠/接水果/打砖块/小蜜蜂)对比分析,发现设计游戏的共性:有很多克隆体,当碰到什么什么就消失,有多条命,有不同的关口,有装备,有奖励等。当然,专业程序员所说的模式要比这个复杂得多。

4. 算法

算法是对特定问题求解步骤的一种描述,是一系列解决问题的清晰指令。精确的算

[①] 谢忠新.关于计算思维进入中小学信息技术教育的思考[J].中小学信息技术教育,2017(10):38—42.

法是计算工具有效计算的前提条件。基础教育阶段的算法可以简化理解为由三个部分组成。

第一部分是输入,这里的输入是广义的输入,它反映问题的初始状态,即问题没有求解之前的状态,以及它的环境数据集等其他已知的辅助信息。

第二部分是一组变换和规则,这种变换和规则可以理解为广义的计算。计算过程就是根据求解问题的需要,遵循某种规则对输入进行变换。

第三部分是输出,也就是算法的终止状态,变换的结果能直接产生问题的解,或者产生依据规则停止变换的结果。没有输出的算法是毫无意义的。

对于计算机来说,算法就是解决问题的一系列指令。每一个指令必须是精准而明确的,要让计算机知道是什么意思,并能够准确执行,并且必须能在执行有限步骤之后终止。同时算法中执行的任何计算步骤都是可以被分解为基本的可执行的操作步,即每个计算步都可以在有限时间内完成(也称之为有效性)。

算法思维是一种通过明确定义步骤得到解决方案的方法,通过开发出一套指令或规则,如果严格遵循(不管是人还是计算机),就能得出答案,从而解决类似的问题。例如,我们都在学校学习乘法的算法。如果我们(或计算机)遵循所学的规则,就能得到任何乘法问题的答案。一旦有了这个算法,我们就不必在每次遇到新问题时都从头开始计算乘法。算法可以由自然语言、流程图、伪代码或者程序代码四种方式来表达。程序设计语言 Pascal 的创建者、瑞士计算机科学家尼古拉斯·沃斯(Nicklaus Wirth)认为算法是程序的重要组成部分,并提出"程序 = 算法 + 数据结构"的公式,对计算机科学(特别是编程)的影响深远(沃斯凭该公式获得了1984年图灵奖)。在计算思维培养中,算法作为一个独特而重要的部分,贯穿整个过程。

5. 评估

评估是确保算法解决方案符合目的的过程:需要评估算法的各种特性,包括它们是否正确、是否足够快、是否在资源使用上经济、是否易于人们使用和推广。需要做出权衡,因为很少有针对所有情况的理想解决方案。在基于计算思维的评估中,有一种特定的、通常是极端关注细节的方法。

例如,如果我们正在开发一种智能医疗设备来给医院的患者送药,我们需要确保它总是能送出一定数量的药物,而且一旦启动,它的速度足够快。然而,我们也需要确保护士能够快速和方便地设置剂量,并且不会犯错误,它不会令患者受刺激,也不会令使用它的护士沮丧。在输入数字的速度和避免出错之间可能会有一个折中,必须系统地、严格地判断它是快速和容易操作的。评估经常需要经历测试、调试、应用和维护等步骤来完成。

计算思维学习可以不需要计算机,这类方法通常被称为不插电的计算思维活动。但是,计算思维解决问题的最大特征,就是得出使计算机能够解决特定问题的步骤,即算法。因此无论何种方法实践,计算思维的最终目标是自动化,即让计算机知道它要做什么以及如何做,使计算机比人更频繁、更有效和更准确地执行任务。为了能够验证这种自动化的可行性,在计算机上实践是最佳的学习反馈途径。

实际问题解决中并不存在单一思维的应用,而是包括计算思维在内的多种思维的综合应用,只是比例不同而已。因此计算思维实践过程,吸取了问题求解所采用的一般的数学思维方法、现实世界中复杂的设计与评估的一般工程思维方法以及复杂性、智能、心理、人类行为理解等一般科学思维方法,具有跨学科性、技术性和科学性。[1]

计算思维的培养路径,在信息科技跨学科实践操作与项目实践的视角下,显得尤为丰富和多元。这一路径不仅强调技术技能的掌握,更重视通过跨学科整合和项目驱动的方式,让学生在解决实际问题的过程中深化对计算思维的理解和应用。以下从五个方面进行详细阐述,并辅以具体实例。

(二) 跨学科知识融合

计算思维的培养不应局限于信息技术领域,而应与其他学科深度融合。通过跨学科知识融合,学生可以运用计算思维解决来自不同领域的问题,从而拓宽视野,增强解决问题的能力。

在"智能环保监测系统"项目中,学生需要结合环境科学、数据分析和编程知识,设计并实现一个能够实时监测空气质量、水质等环境指标的系统。该项目不仅要求学生掌握传感器技术、数据处理和可视化等信息技术知识,还需要他们了解环境科学的基本原理和监测方法。通过跨学科合作,学生能够将计算思维应用于环境保护领域,为解决实际问题贡献力量。

这种方式是指计算思维教育的主要内容以计算科学的基本概念为载体,以应用实践为途径,统整到其他学科和课程中,所有教师都有责任培养计算思维技能。跨学科主题的计算思维学习,将计算机作为一种手段融入学生熟悉的主题当中,如音乐、舞蹈、讲故事等,更容易帮助学生建立对计算机科学的态度和信心。计算思维作为学科思维必须以计算学科知识为基础,但不能直接传授,真正完全分离式的计算思维教育是不存在的,最好的计算思维学习一定是融入式的。即使是通过算法来传播计算思维,也可以说是一种融入式的教学,只是选择的知识载体比较单薄而已。我国 2022 年版信息科技课程标准就建

---

[1] 董荣胜,古天龙.计算思维与计算机方法论[J].计算机科学,2009,36(1):1—4+42.

议计算思维教育一年级和语文、二年级和道德与法治、九年级和科学融合实施,其他年级建议以跨学科实践的方式开展。美国是特别主张融合实施计算思维教育的国家,《CSTA 计算机科学标准》提供的计算思维教学案例涉及的学科既包含计算机科学,也包含语言文学、社会学、研究方法学以及生物学等学科[①],从科学、技术、工程、艺术和数学学科的融合共同促进计算思维发展。科学探索培养逻辑思维,技术发展推动创新,工程实践强化问题解决,艺术创作激发想象,数学理论奠定逻辑基础。例如,计算思维的实例(见表 1-10)要求学生将活动预算数据抽象成一个预算模型,目标是学生通过电子表格展示出有逻辑地组织和分析金融数据的能力,从而为一个筹集资金的项目做预算;学生展示出运用电子表格创建财政计划或金融模型的能力;学生能够通过改变项目中的变量解决"如果问题",从而应对项目实施过程中可能遇到的各种突发情况;学生能够通过直观、恰当的方式呈现数据;学生运用计算思维的概念和词汇表描述他们具有的能力,最终得出电子表格。

表 1-10 计算思维的实例

编号	教学思维活动	计算思维能力
1	学生运用专业术语简要、系统地描述接下来要进行的活动	系统地阐释问题(有助于学生运用计算机或其他工具解决问题)
2	学生创建不同的电子表格来创造性地应对"如果"情境,应对活动开展过程中可能发生的各种情况	通过模型和模拟等抽象的方式处理数据
3	学生通过数据的图形表示法呈现数据	有逻辑地呈现数据
4	学生标记和组织类别、创建单元格公式,使之后的计算工作简单、高效	通过算法思维自动生成解决方案
5	学生在这门课程中习得的技巧可以应用于个人财政管理,也有助于他们为一些更大的组织(比如企业或政府机构)制定更加复杂的财政预算	将这个问题解决过程迁移到更广泛的情境中

计算思维和其他学科融合实施,有助于学生元认知的发展,增强问题解决的能力。图 1-2 呈现的是在有计算思维参与的数学学科学习和思考活动中,计算思维和计算实践在问题解决不同阶段的角色和作用。

[①] 单俊豪,闫寒冰.美国 CSTA 计算思维教学案例的教学活动分析及启示[J].现代教育技术,2019,29(4):120—126.

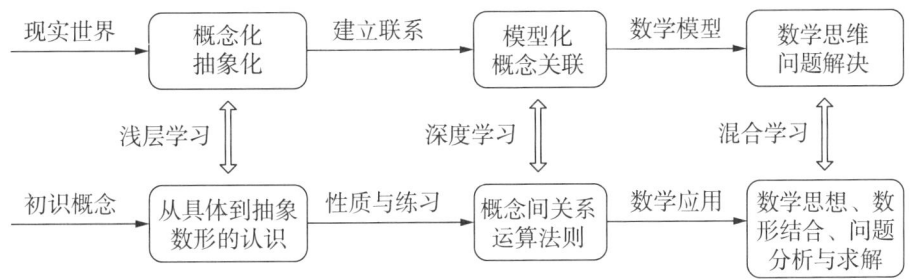

图 1-2 技术支持学科学习的计算思维

(三)项目导向的实践操作

项目导向的实践操作是计算思维培养的重要手段。通过参与具体的项目实践,学生可以在真实或模拟的情境中应用计算思维,解决复杂问题。这种方式有助于学生将理论知识转化为实践能力,同时培养他们的创新思维和团队协作能力。

在"智能校园导航系统"项目中,学生需要设计并实现一个能够为师生提供便捷导航服务的系统。从需求分析、系统设计、编程实现到测试部署,整个项目过程都由学生主导完成。在项目实践中,学生需要运用计算思维进行问题分解、抽象建模和算法设计等工作。通过不断试错和优化,他们最终能够开发出符合需求的系统,并在校园内推广应用。

(四)动手实践与创新实验

动手实践和创新实验是计算思维培养不可或缺的环节。通过参与各种实验活动,学生可以亲身体验计算思维的魅力,激发创新思维和创造力。这些实验活动可以包括编程竞赛、机器人制作、物联网应用等,旨在让学生在实践中学习和成长。

在"机器人足球比赛"中,学生需要设计并制作能够自主导航、识别对手和射门得分的机器人。为了完成这一任务,学生需要掌握机器人控制、图像处理、路径规划等关键技术。在比赛过程中,他们还需要不断调试和优化机器人的性能,以应对各种复杂情况。这种动手实践和创新实验不仅锻炼了学生的计算思维能力,还培养了他们的创新思维和团队合作精神。

(五)团队协作与沟通交流

计算思维的培养往往需要团队协作和沟通交流的支持。在跨学科项目实践中,学生需要与来自不同学科背景的同学合作,共同完成任务。通过团队协作和沟通交流,学生可以学会如何有效地分工合作、协调资源和解决问题。

在"智慧城市交通管理系统"项目中,学生需要组建跨学科团队,包括计算机科学、城市规划、交通工程等专业的学生。团队成员需要共同制订项目计划、分配任务和资源,并在项目实施过程中保持密切的沟通和协作。通过团队协作和沟通交流,学生可以更好地理解项目需求、发现潜在问题并共同寻找解决方案。

（六）反思与总结

反思与总结是计算思维培养过程中的重要环节。在项目实践结束后,学生需要对整个项目进行回顾和反思,总结经验和教训,提炼出计算思维的应用方法和技巧。这种反思与总结有助于学生深化对计算思维的理解和应用能力。

在每个项目实践结束后,教师可以组织学生进行项目展示和分享会。在会上,学生可以展示自己的项目成果、分享实践经验并接受其他同学的提问和建议。通过反思与总结环节,学生可以更加清晰地认识到自己在计算思维方面的优势和不足,并制订出针对性的改进计划。同时,他们还可以从其他同学的经验中学习借鉴,不断提升自己的计算思维能力。

四、跨学科实践应用与创新能力的培养

计算思维,作为21世纪核心素养的重要组成部分,强调利用计算机科学的基础概念去解决问题、设计系统和理解人类行为,它超越了编程技能的范畴,是一种广泛适用于各个领域的思维方式。从跨学科实践应用与创新能力的培养视角出发,计算思维的培养路径可以围绕以下几个核心方面展开。

1. 融合课程设计与实施

融合课程设计是将计算思维融入传统学科教学中,通过跨学科的方式,让学生在解决真实世界问题的过程中,自然而然地运用计算思维的方法论。这种方法不仅增强了学科间的联系,还促进了学生创新能力和问题解决能力的提升。在科学课程中,教师可以设计一个关于"生态系统模拟"的项目。学生需要运用计算思维中的抽象、算法设计、自动化等原则,构建一个模拟生态系统的软件或模型。他们首先需要抽象出生态系统中的关键元素(如生物种类、食物链、环境因子),然后设计算法来模拟这些元素之间的相互作用,最后通过编程实现模型的自动化运行。在此过程中,学生不仅加深了对生态学原理的理解,还锻炼了数据收集、分析,以及利用技术手段解决复杂问题的能力。

2. 项目化学习(PBL)与探究式学习

项目式学习和探究式学习是培养计算思维的有效途径。通过参与实际项目或研究问题,学生在解决问题的过程中主动探索、实践、反思,从而深化对计算思维概念的理解和应用。比如,在社会科学领域,可以开展一项"城市交通流量优化"的项目。学生需要运用计算思维,首先收集并分析城市交通数据(如车辆流量、拥堵时段、道路结构等),然后设计算法来预测未来的交通状况,并提出优化方案。在这个过程中,学生可能需要学习使用地理信息系统(GIS)、大数据分析等工具,同时考虑社会、经济、环境等多方面因素,最终提出既

科学又可行的解决方案。这种学习方式不仅培养了学生的计算思维，还促进了他们跨学科知识的整合与应用。

3. 创新思维与创意工作坊

创新思维是计算思维的重要组成部分，它鼓励学生跳出常规思维框架，寻找新颖的解决方案。通过举办创意工作坊、黑客松等活动，可以激发学生的创造力和想象力，促进计算思维与创新能力的深度融合。

比如，组织一次"智能家居设计"创意工作坊。学生被鼓励运用计算思维，结合物联网、人工智能等技术，设计并制作出具有创新性的智能家居产品。工作坊中，学生可以分组讨论、头脑风暴，将想法转化为设计草图、原型模型或初步的软件代码。在这个过程中，学生不仅要考虑技术的实现，还要关注用户体验、市场需求等，从而全面提升他们的创新思维和综合能力。

4. 持续反馈与迭代优化

计算思维强调通过持续反馈和迭代优化来不断完善解决方案。在培养计算思维的过程中，教师应鼓励学生建立"试错—反馈—改进"的循环机制，勇于面对失败，并从失败中学习，不断提升自己的思维能力和技术水平。比如，在编程课程中，教师可以设计一系列循序渐进的任务，每个任务都要求学生编写程序来解决特定问题。在完成任务的过程中，学生需要不断测试自己的程序，根据运行结果调整算法或代码，直至满足要求。同时，教师可以通过代码审查、小组讨论等方式，给予学生及时的反馈和建议，帮助他们识别问题、分析原因并找到改进的方向。这种持续反馈和迭代优化的过程，不仅提高了学生的编程能力，也锻炼了他们的计算思维和问题解决能力。

综上所述，从跨学科实践应用与创新能力的培养角度出发，计算思维的培养可以通过融合课程设计、项目式与探究式学习、创新思维与创意工作坊以及持续反馈与迭代优化等多个路径来实施。这些策略不仅有助于学生掌握计算思维的核心概念和方法论，还能激发他们的创造力和创新精神，为未来的学习和职业生涯奠定坚实的基础。

本章小结

在本章中，我们深入探讨了关键能力之一——问题解决的计算思维。这一章节首先明确了计算思维的概念，强调它不仅应用于编程或计算机科学的专属领域，更是一种可以应用于多个学科和问题解决场景的思维方式。计算思维要求我们从抽象层面理解和分析问题，通过逻辑推理和算法设计来找到解决方案。其次，我们认识到问题解决能力是计算思维的重要组成部分。这种能力使我们能够有效地识别问题、分析问题并找到可行的解决方案。最后，系统设计和行为理解也是计算思维不可或缺的一环，它们帮助我们构建合理的系统框架,并预测和优化系统的行为。在课标诠释部分,我们了解到计算思维已经成为现代教育的重要培养目标之一。它不仅有助于学生提升信息素养和创新能力,还能促进他们在跨学科学习和解决实际问题中取得更好的表现。

为了有效培养计算思维,我们提出了四条培养路径:一是通过学习基础概念和原理,打下坚实的基础;二是通过针对性的训练和实践,提升问题解决能力;三是通过实践操作和项目实践,将理论知识转化为实际技能;四是通过跨学科实践应用和创新能力的培养,拓宽学生的视野和思维边界。计算思维是一种重要的思维方式,它对于我们解决复杂问题和进行跨学科创新具有重要意义。通过系统的学习和实践,我们可以不断提升自己的计算思维能力,并将其迁移运用于解决其他问题。

◆ 本章回顾与思考

1. 计算思维的概念。
2. 在计算思维诸多的操作性定义中其包含的共同要素有哪些?
3. 请你诠释问题解决能力。
4. 培养计算思维的一般路径。
5. 如何开展跨学科实践应用与创新能力的培养?

第二章

素养培育
——走进跨学科主题学习

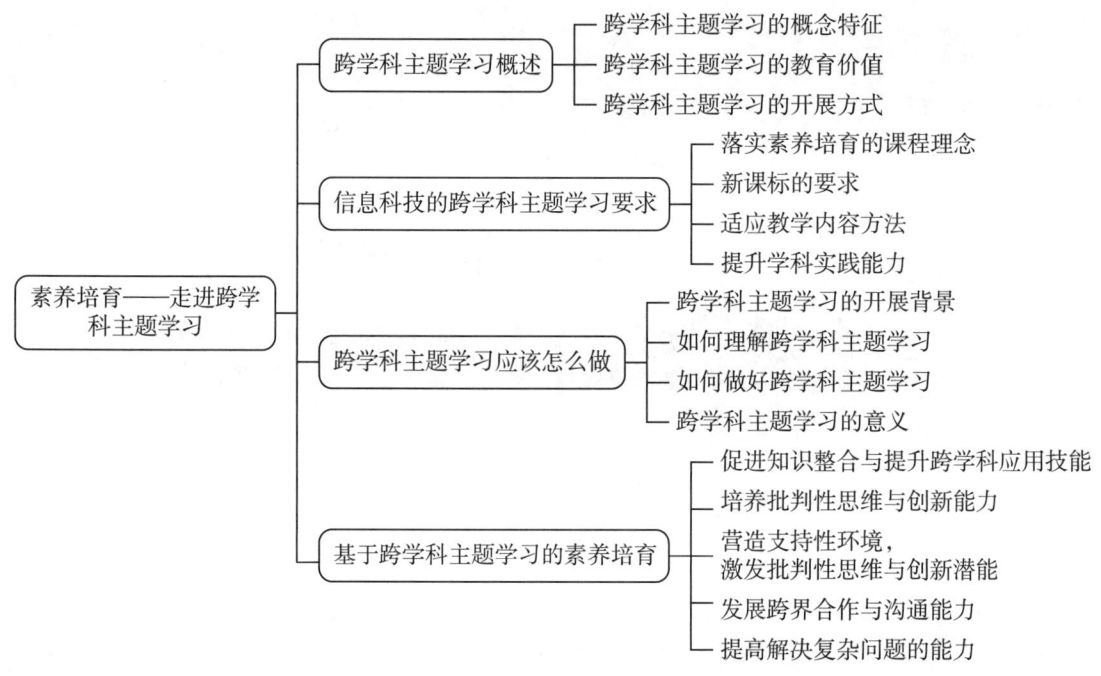

第一节　跨学科主题学习概述

跨学科学习是义务教育课程改革倡导的一种重要的学习方式，为发展学生的核心素养提供了新的途径。素养培育与跨学科主题学习相辅相成，共筑学生全面发展的基石。通过围绕真实世界问题的跨学科探索，学生不仅深化了对各学科知识的理解，更在解决复杂情境的过程中，锻炼了批判性思维、创新能力及团队协作精神。这种学习方式促进了知识的融合与迁移，让学生在实践中提升信息素养、社会责任感及终身学习能力，为未来社会培养具备综合素养的复合型人才奠定坚实的基础。

一、跨学科主题学习的概念特征

什么是跨学科主题学习？英语课堂上运用课件算不算跨信息科技的主题学习？怎么就算跨学科了呢？跨学科主题学习究竟如何理解？

跨学科主题学习（Interdisciplinary Thematic Learning）是一种教育模式，它超越了传统学科界限，通过整合不同学科的知识、技能、方法和视角，围绕一个或多个核心主题或问题来组织教学活动。义务教育各学科所确立的10%课时的跨学科主题学习主要是指基于学生的素养发展需求，围绕某一研究主题，以本学科课程内容为主干，运用并整合其他学科的知识与方法开展综合学习的一种方式。这种学习方式旨在培养学生的综合素养、创新能力、批判性思维和解决问题的能力。[1] 跨学科主题学习的特征主要包括以下几个方面。

1. 主题中心性

跨学科主题学习围绕一个或多个中心主题或真实世界的问题展开，这些主题或问题能够激发学生的兴趣和好奇心，促使他们综合运用多学科知识去探索、分析和解决问题。

2. 学科整合性

跨学科主题学习打破了学科壁垒，将不同学科的知识、技能和方法有机地融合在一起。学生需要同时运用数学、科学、语言艺术、社会科学等多个领域的知识来理解和应对主题或问题。

3. 情境真实性

跨学科主题学习通常设置在真实或模拟的真实情境中，这些情境与学生的生活、社会或自然环境紧密相关。这种情境性不仅有助于学生理解知识的实际应用，还能激发他们的学习动机和探究欲望。

---

[1] 任朝霞.如何开展跨学科主题学习：访华东师范大学课程与教学研究所教授安桂清[EB/OL].中国教育新闻网，2023—11—03.

4. 探究导向性

跨学科主题学习鼓励学生进行主动探究和合作学习，通过提出问题、设计方案、收集数据、分析解释和得出结论等过程，培养他们的探究能力和团队协作能力。

5. 高阶思维培养

跨学科主题学习注重培养学生的高阶思维能力，如批判性思维、创造性思维、问题解决能力和决策能力等。这些能力对于学生在未来社会中的成功至关重要。

6. 个性化与差异化

跨学科主题学习尊重学生的个体差异和兴趣爱好，通过提供多样化的学习资源和活动，满足不同学生的学习需求和发展潜力。这种个性化教学有助于激发学生的学习兴趣和动力。

7. 技术与资源的综合应用

跨学科主题学习充分利用现代信息技术和丰富的教育资源，如网络资源、多媒体教学工具、实验室设备等，为学生提供更加生动、直观和高效的学习体验。

8. 持续性与发展性

跨学科学习强调学习的持续性和发展性，鼓励学生将所学知识应用于新的情境和问题中，不断巩固和拓展自己的知识和技能体系。

综合性和实践性也是跨学科主题学习的重要特性，在具体实施中主要表现为有真实的情境、开放的过程与结果，让学生有沉浸式的真实体验。特别强调的是，教育性是跨学科主题学习的根本，也是学校一切活动的根基。[1] 没有教育性，不去自觉地促进学生的发展，即便综合性和实践性再鲜明、再突出，即便"沉浸式学习"多么真实、开放，也不能进入学生的学习环节。[2] 因此，实施跨学科主题学习必须关注持续性与发展性，真正体现作为教育活动的跨学科主题学习的开放性和真实性。

关于跨学科主题学习，从课标角度我们给出了一个所有学科通用的、内涵性解读——跨学科主题学习是基于学生的发展需求，围绕某一研究主题，以本学科课程内容为主干，运用并整合其他学科的知识与方法，开展综合学习的一种方式。[3] 想要真正理解跨学科主题学习，如果从多学科、跨学科和超学科课程整合序列中定位，可能更为容易。例如，传统皮影戏主题课程，可以从不同学科角度切入主题，虽然有知识扩展，但没有问题解决。再如，音乐剧课程，以任务作为组织中心，当然也可以以问题或对现象的解释作为跨学科主题学习的组织中心。在音乐剧表演中，音乐是主干学科，同时涉及英文剧本、歌词、美术的

---

[1] 梁求玉.从中观角度谈跨学科主题学习[J].小学教学参考,2024(14):5—7.
[2] 郭华,袁媛.跨学科主题学习的基本类型及实施要点[J].中小学管理,2023(5):10—13.
[3] 安桂清.论义务教育课程的综合性与实践性[J].全球教育展望,2022,51(5):14—26.

面具制作、布景等,以及基本的表演技巧等多学科知识。

对于跨学科来说,关键是看其他学科的核心概念和技能是否嵌入任务解决中,才能说跨了哪个学科。再例如,在学校的艺术节专题活动中,学生可能会按照需求调研、展演策划、节目征集、成果展示和活动反思的路线进行策划,但在这类学习中无法确定是以哪个学科为主。跨学科究竟会涉及哪些学科,也并非一开始就能够确定的,而是按照学生活动设计、探究的历程来确定。

如果我们对这三者做个比喻,皮影戏这类的话题性的多学科学习,就相当于沙拉,这虽然是一盘菜,但里面所有的东西一清二楚,而且是各自分离的;"歌剧魅影"的跨学科学习相当于鱼头豆腐汤,汤才是本质,尽管我们依稀能看到学科的影子,但它已经混合了;艺术节专题活动课程相当于制作蛋糕,用黄油、面粉、鸡蛋等制作成蛋糕后,原料已经彻底混合,无法看到原来的样子。

尽管有人会说第三种整合方式更为深入,但在离开学科的据点后,没有核心概念和技能的嵌入,也很容易陷入活动主义或肤浅的体验。

从根本上说,跨学科主题学习是要走一条既解决问题又嵌入学科知识的中间道路,这样的深度学习才是素养时代所要倡导的学习类型。

二、跨学科主题学习的教育价值

《义务教育课程方案(2022年版)》规定跨学科主题的课时容量不少于本课程总课时的10%。跨学科主题学习是撬动育人方式转变的重要突破口,是实现自主、探究、合作的有效化课程学习的重要路径。跨学科主题学习同时也是学生在真实情境中面对问题、分析问题、解决问题的重要学习经历,是形成核心素养的重要组成部分。[①]

跨学科主题学习在教育领域具有深远的教育价值,它打破了传统学科之间的界限,实现课程整合,落实学生核心素养培育,促进教师教学方式优化和学校课程协同育人。通过围绕一个或多个核心主题或问题,整合不同学科的知识、技能和方法,促进学生综合素养的提升。以下是跨学科主题学习的主要教育价值。

1. 促进知识整合与深度理解

跨学科学习鼓励学生将不同学科的知识相互关联,形成更加全面和深入的理解。这种整合不仅帮助学生看到知识的整体图景,还能促使他们从不同角度思考问题,从而加深对问题的理解和解决能力。

2. 培养批判性思维和创新能力

跨学科主题学习鼓励学生面对复杂问题时,运用多学科的知识和方法进行分析、评估

[①] 黄荣怀,熊璋.义务教育信息科技课程标准(2022年版)解读[M].北京:北京师范大学出版社,2023:155—173.

和创造。这种过程促使学生发展批判性思维,学会质疑、假设和验证,同时也激发了他们的创新精神和创造力。

3. 提升解决问题的能力

通过将实际问题置于跨学科的学习环境中,学生可以学会如何运用多学科的知识和技能来综合分析和解决问题。这种能力在现实生活和工作中尤为重要,能够帮助学生更好地适应快速变化的社会环境。

4. 增强沟通与协作能力

跨学科主题学习往往需要学生组成团队,共同探索和解决问题。在这个过程中,学生需要学会倾听、表达、探究和协作,这些能力对于未来的职业发展和个人成长都至关重要。

5. 培养全球视野和跨文化意识

跨学科主题学习经常涉及全球性问题或跨文化议题,如环境保护、人权、全球化等。通过学习和讨论这些问题,学生可以拓宽视野,增进对不同文化和观点的理解和尊重,从而培养全球意识和跨文化交流能力。

6. 促进终身学习和自我发展

跨学科主题学习鼓励学生主动探索、自主学习和持续学习。在解决问题的过程中,学生需要不断学习和掌握新的知识和技能,这种经历有助于他们形成终身学习的习惯和自我发展的能力。

7. 增强学习动机和兴趣

跨学科主题学习往往围绕学生感兴趣或关心的主题展开,这种学习方式能够激发学生的学习兴趣和动力,使他们更加积极地参与到学习过程中来。

跨学科主题学习在教育领域具有多方面的价值,它不仅有助于提升学生的综合素养和能力,还能促进他们的全面发展,养成终身学习的习惯。

三、跨学科主题学习的开展方式

2022年版义务教育课程标准里大多数学科在"课程内容"板块都新增了"跨学科主题学习",并规定要占用不少于本课程10%的课时,这为课程协同育人创造了条件。课程方案和课程标准中有关跨学科主题学习的提出,既具鲜明的时代性,又相当稳妥。时代性体现在跨学科主题学习的提出是对新时代学生素养要求的反思和回应。跨学科主题学习一般采用项目化学习、问题化学习和STEAM等方式开展,以项目化学习为例,可以遵循以下步骤来确保学习活动的有效性。

1. 确定跨学科主题

选择主题:选取一个具有现实意义、能够激发学生兴趣且能够整合多个学科知识的主题。这个主题可以来源于现实生活、社会问题、科学探索或文化研究等领域。

明确目标：根据主题设定明确的学习目标，这些目标应涵盖知识、技能、情感态度和价值观等多个维度，并体现跨学科的特点。

2. 组建跨学科团队

教师团队：组建由不同学科背景的教师组成的跨学科教师团队，共同设计课程内容和教学活动。

学生团队：将学生分成小组，每个小组由擅长不同学科的学生组成，以促进学科间的交流和合作。

3. 设计项目化学习方案

制订项目计划：明确项目的目标、任务、时间表和所需资源，确保项目具有可行性和可操作性。

整合学科知识：根据项目需求，整合不同学科的知识和技能，设计跨学科的学习活动和任务。

设计学习活动：采用多样化的学习活动形式，如实地考察、专家讲座、小组讨论、案例分析、模拟演练、创意设计等，以激发学生的学习兴趣和积极性。

4. 实施项目化学习

启动项目：通过介绍项目背景、目标和任务，激发学生的兴趣和动力。

执行任务：学生在教师的指导下，按照项目计划分工合作，共同完成任务。在这个过程中，教师应提供必要的指导和支持，鼓励学生主动探究和解决问题。

展示成果：学生以小组为单位展示项目成果，分享学习经验和收获。展示形式可以多样化，如口头报告、海报、视频、模型等。

5. 评估与反馈

过程评估：在项目实施过程中，通过观察、记录和交流等方式，评估学生的学习态度、合作精神和解决问题的能力。

成果评估：根据项目成果的质量和创新性进行评估，关注学生的知识掌握程度、技能提升和跨学科素养的培养。

反馈与改进：及时向学生和教师提供反馈意见，帮助他们了解学习成果和存在的问题，以便进行改进和提升。

6. 持续反思与调整

教师反思：教师应反思教学过程中的得失，总结经验教训，以便在未来的跨学科主题学习中加以改进。

学生反思：学生也应反思自己的学习过程和成果，思考自己在跨学科学习中的收获和不足，以便在未来的学习中更加主动和有效地学习。

通过以上步骤的开展，跨学科主题学习采用项目化学习方式可以更加有效地促进学生的全面发展，培养他们的综合素养和创新能力。后面章节也将介绍其他学习方式的开展情况。

第二节 信息科技的跨学科主题学习要求

信息科技跨学科主题学习要充分体现综合性和实践性，结合学段特征，融合不同学段的模块内容，映射信息科技概念，通过真实情景化的实践活动展开。立足本课程的主要学习内容，涵盖真实情境中跨学科问题的发现与解决，引导学生思考并理解现状与未来的生活和生产的信息化、数字化、智能化特征，加强学生对科技伦理、自主可控技术、原始创新以及国家安全的认识，培养学生的学习能力、创新意识与科学思维，倡导学生在跨学科主题学习活动中物化学习产品与学习结果[①]。

一、落实素养培育的课程理念

信息科技的跨学科主题学习是一种将信息技术与不同学科领域相结合的教育方式，旨在培养学生的核心素养、实践能力和创新精神。落实素养培育的课程理念，强化课程育人导向，将党的教育方针具体化为本课程应着力培养的核心素养，体现正确价值观、必备品格和关键能力的培养要求。可以从以下三个方面来理解：

（一）课程整合与实践

1. 将信息科技与其他学科内容相结合，设计跨学科项目，促进学生在解决实际问题中学习。

2. 强调实践操作，通过编程、数据分析等活动，让学生动手实践，掌握技术技能。

（二）思维能力与伦理教育

1. 培养学生的批判性思维，教会他们分析和评估信息，形成独立思考的习惯。

2. 加入信息技术伦理和社会责任的教育，让学生了解信息技术使用的道德和法律问题，培养社会责任感。

（三）教学方法与支持系统

1. 采用项目化学习等教学方式，鼓励学生自主探究和团队合作。

2. 利用在线学习平台和教育软件等新技术工具丰富教学内容和方法。

---

① 黄荣怀，熊章.义务教育信息科技课程标准（2022年版）解读[M].北京：北京师范大学出版社，2022.

3.加强教师专业发展,建立家校合作,共同支持学生的跨学科主题学习。

二、新课标的要求

《义务教育信息科技课程标准(2022年版)》(以下简称《课程标准》)明确指出信息科技跨学科主题学习要充分体现综合性和实践性。结合学段特征,融合不同学段的模块内容,映射信息科技概念,通过真实情景化的实践活动展开。立足本课程的主要学习内容,涵盖真实情境中跨学科问题的发现与解决,引导学生思考理解现在与未来的生活和生产的信息化、数字化、智能化特征,加强学生对科技伦理、自主可控技术、原始创新以及国家安全的认识,培养学生的学习能力、创新创意与科学思维,倡导学生在跨学科主题学习活动中物化学习产品与学习结果。对跨学科主题学习提出了以下四点要求:

（一）课程融合

强调信息科技与语文、数学、科学等其他学科的融合。通过设计跨学科的项目或活动,让学生在解决实际问题的过程中,自然地应用信息科技知识,培养综合解决问题的能力。

（二）实践探究

倡导通过项目化学习、实验操作等方式,让学生在实践中学习信息科技。鼓励学生动手操作,探索信息技术在不同领域的应用,从而增强他们的实践能力和创新精神。

（三）计算思维

注重培养学生的批判性思维和计算思维。通过项目化学习、问题化学习等学习方式,引导学生分析问题、提出解决方案,培养他们解决问题的能力和计算思维。

（四）伦理教育

强化信息技术伦理教育,让学生了解技术使用中的道德和法律问题并提高自主可控意识。通过案例分析等方式,教育学生在信息技术应用中遵守法律法规,培养他们的社会责任感和道德判断力。

这四点要求旨在通过跨学科主题学习,顺应新时代潮流,面向创新社会人才发展需求,聚焦数字胜任力,提高全体学生的数字素养与技能。

第四学段(7—9年级)的跨学科主题是"互联智能设计"。该主题的子主题为:向世界介绍我的学校、无人机互联表演、在线数字气象站、人工智能预测出行、未来智能场景畅想。"向世界介绍我的学校"关联"互联网应用与创新"内容模块,"无人机互联表演"关联"物联网实践与探索"内容模块,"在线数字气象站"进一步结合了"互联网应用与创新"和"物联网实践与探索"两个内容模块。"人工智能预测出行"和"未来智能场景畅想"针对

"人工智能与智慧社会"内容模块。本学段属于初中阶段,教师应结合初中学生的特点,融合信息科技主要内容模块,进一步与数学、科学、语文等学科结合,引导学生开展一系列项目化学习,促进学生进一步解决复杂情境下的问题。

其中,子主题为"向世界介绍我的学校",《课程标准》要求学生热爱自己的学校,并向世界介绍自己的学校。本主题立足"互联网应用与创新",强调小组协作。学生可以采用小组合作的方式,综合运用不同媒介和社交媒体的表现方式,研究与对比不同数字化表现方式的功能和价值,通过编写学校互联网百科词条、创作学校相册、拍摄学校创意短视频、创建运维学校社交媒体、发布学校网页等多种方式介绍自己的学校;也可以结合时代发展分享对学校的未来规划与设计,向世界介绍自己理想中的未来学校。这是一个典型的数字化学习方式,学生可以使用数字化工具加强团队协作,也在运用数字化工具的同时了解、理解与掌握工具本身。因此,本主题的典型特点是在"做中学""用中学""创中学",提升学生数字素养与技能。本主题综合运用信息科技、语文、英语、艺术等知识,让学生充满创意地完成该学习活动任务。

三、适应教学内容方法

在初中阶段,符合发展学生计算思维的信息科技跨学科主题学习要求的教学内容可以采用以下教学样式。

(一) 发展学生计算思维的"玩、学、做、创"教学样式

基于跨学科主题学习,我们可以有效地发展学生的计算思维,而"玩、学、做、创"这一教学样式为此提供了切实可行的路径。在"玩"的过程中,学生通过互动游戏和实践活动,初步接触并感受计算思维的魅力,激发学习兴趣。随后,在"学"的阶段,教师通过讲解和案例分析,帮助学生系统掌握计算思维的基本原理和方法。在"做"的环节,学生将所学知识应用于解决实际问题,通过项目式学习锻炼动手能力和团队协作能力。最后,在"创"的阶段,鼓励学生发挥创新思维,将计算思维与专业知识结合,创造出具有实际应用价值的作品。在实施过程中遵循认知形成的情境性和具身性原理,把信息科技的基础知识和基本技能的学习嵌入各种类型的教学活动中,在真实性问题的解决中开展学习,让学生"做中学""用中学""创中学",将学习和实践紧密结合。

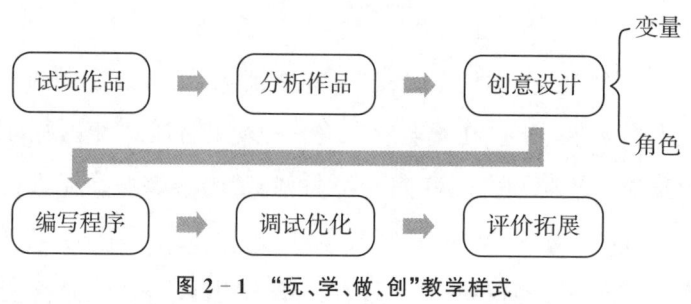

图 2-1 "玩、学、做、创"教学样式

这种教学样式不仅培养了学生的计算思维,还促进了其跨学科学习能力的提升,为学生的全面发展奠定了坚实的基础。通过不断优化和完善"玩、学、做、创"教学样式,我们可以更好地适应时代发展的需要,培养出更多具备计算思维和创新能力的数字公民。

(二)发展学生计算思维的"基于问题解决"教学样式

在建构主义及其相关的情境认知理论的影响下,一些新兴的教学模式应运而生,基于问题的抛锚式教学就是其中的一种。这种教学模式的核心是"锚"的设计。所谓"锚",一般是指问题情境。基于跨学科主题学习,我们可以积极探索并实践一种旨在发展学生计算思维的"基于问题解决"的教学样式。这种教学模式不仅跨越了传统学科界限,将数学、科学、信息技术等多个领域的知识有机融合,而且通过引导学生主动探索和解决真实世界中的问题,培养他们的计算思维和创新能力。在教学过程中,教师不再是单纯的知识传授者,而是成为学生学习活动的引导者和支持者。他们精心设计跨学科的综合性问题,这些问题既贴近学生的生活实际,又蕴含丰富的计算思维元素。学生在面对这些问题时,需要运用逻辑思维、抽象思维、算法思维等计算思维的核心能力,进行分析、推理和创造。同时,我们鼓励学生进行小组合作和互动交流,让他们在共同解决问题的过程中相互启发、相互学习。这种协作式的学习方式不仅有助于培养学生的沟通能力和团队协作精神,还能让他们从多个角度和层面深入理解问题,从而更加全面地发展计算思维。此外,我们还注重利用信息技术手段来辅助教学,如使用编程软件、数据分析工具等,让学生在实际操作中体验计算思维的魅力。通过这些多样化的教学活动,学生的计算思维能力得到了有效的锻炼和提升,为他们未来的学习和生活奠定了坚实的基础。

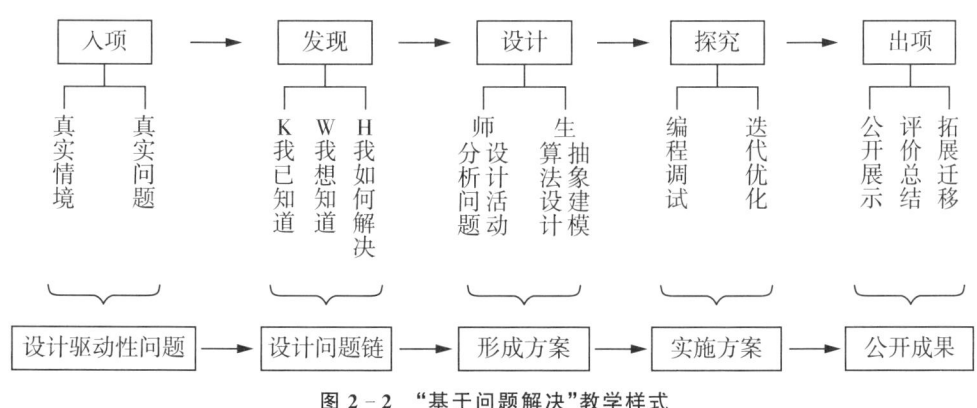

图 2-2 "基于问题解决"教学样式

基于跨学科主题学习的"基于问题解决"教学样式,是一种能够全面培养学生计算思维的有效教学模式,选择的主题或问题要具备开放性和挑战性,同时,更要具备时代性、社会责任和国际视野,引导学生"像信息科技专家"那样去思考该环境中各要素的相互关系和运行模式,根据需要积极主动地选用合适的技术工具去解决日常生活与学习中的问题。

它让学生在解决实际问题的过程中不断思考、探索和创新,从而成长为具备高度信息素养和创新能力的新时代人才。

(三)发展学生计算思维的"基于深度学习"教学样式

深度学习是指在教师引领下,学生围绕着具有挑战性的学习主题,全身心积极参与、体验成功、获得发展的有意义的学习过程。深度学习在基于理解的学习的基础上,要求学习者能够批判地学习新的思想和事实,并将它们融入原有的认知结构中,能够在众多思想间进行联系,并能够将已有的知识迁移到新的情境中。与机械地、被动地接受知识,孤立地存储信息的浅层学习和建构相比,深度学习更加强调学习者的积极学习、主动学习和批判性学习,因而更有助于学习者理解、保持和应用所学的教学设计的知识。① 基于跨学科主题学习,我们创新性地引入了"基于深度学习"的教学样式,以促进学生计算思维的全面发展。这种教学模式超越了传统学科框架,将数学、科学、信息技术、艺术等多个领域的知识进行有机融合,旨在通过深度学习和复杂问题解决,培养学生的高阶思维能力和计算思维。在"基于深度学习"的教学样式中,我们注重知识的深度挖掘和关联构建。教师不再是简单地传授知识,而是引导学生深入探索各个学科的核心概念和原理,以及它们之间的内在联系。通过跨学科的主题学习,学生能够在真实的问题情境中,运用多学科的知识和方法,进行深度思考和综合分析,从而发展出更为复杂的计算思维。我们鼓励学生进行主动学习和自主探究。在学习过程中,学生需要自主设定学习目标,选择学习资源,制订学习计划,并反思学习成果。这种自主性的学习方式,不仅能够增强学生的学习动力,还能够培养他们的独立思考能力和解决问题的能力。同时,我们强调协作学习和团队合作。在跨学科的学习团队中,学生需要与来自不同学科背景的同学进行合作,共同解决问题。这种协作学习方式,能够让学生在相互交流和分享中,拓宽视野,深化理解,并共同提升计算思维水平。

---

① 王文静.中国教学模式改革的实践探索——"学为导向"综合型课堂教学模式[J].北京师范大学学报(社会科学版),2012,(1):18—24.

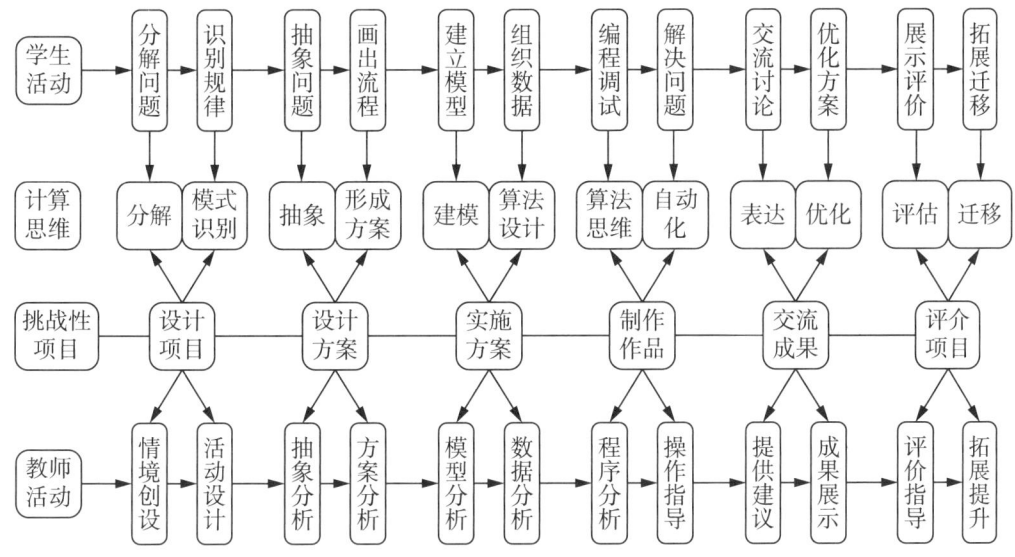

图 2-3 发展学生计算思维的"基于深度学习"教学样式

"基于深度学习"的跨学科主题学习教学样式,是一种能够全面促进学生计算思维发展的有效教学模式。它不仅能够让学生在深度学习和复杂问题解决中,发展出高阶思维能力和计算思维,还能够培养他们的自主学习能力和团队协作能力,为他们未来的学习和生活奠定坚实的基础。

通过这些教学样式,学生不仅能够掌握信息科技知识,还能培养跨学科的思维能力和实践技能,为未来的学习和生活打下坚实的基础。

四、提升学科实践能力

基于初中信息科技的跨学科主题学习要求,提升学科实践能力可以从以下四个方面进行。

1. 跨学科知识融合

在教学中,教师应将信息科技与其他学科知识融合,设计跨学科主题学习项目。例如,结合地理学和信息技术,让学生通过编程模拟气候变化对环境的影响。这种融合不仅拓宽了学生的知识视野,也提高了他们运用信息科技解决实际问题的能力。

2. 实践操作技能培养

通过实际操作,学生能够深入理解信息科技的概念和原理。教师可以安排编程、网页设计、数据分析等实践活动,让学生在实践中掌握技能。同时,鼓励学生自主探索,解决遇到的问题,培养他们的问题解决能力。

3. 创新思维与实验教学

鼓励学生进行创新思维训练,通过实验和创新项目激发他们的创造力。例如,利用开源硬件进行电子制作,或设计一个创新的应用程序来解决日常生活中的问题。这些活动能够让学生在实践中学习如何将创意转化为实际成果。

4. 评价与反思机制

建立有效的评价与反思机制，帮助学生了解自己的学习成果和不足。通过自我评价、同伴评价和教师评价，学生能够获得多角度的反馈，从而促进自我改进。同时，教师应引导学生进行反思，思考实践活动中的成功经验和需要改进的地方。

通过这四个方面的教学实践，学生的信息科技跨学科实践能力将得到全面提升，为他们未来的学术和职业生涯打下坚实的基础。

第三节　跨学科主题学习应该怎么做

2022年版的义务教育课程标准在"课程内容"板块进行了重要革新，特别引入了"跨学科主题学习"这一全新理念。根据这一标准，各门学科课程需分配不少于10%的课时来深入实施跨学科主题学习。这一举措预示着，跨学科主题学习将成为践行新课标精神的关键一环，同时也可能是一个需要克服的相对难点。随着新课标的逐步推进，跨学科主题学习无疑将成为教育领域的一大亮点与挑战。

一、跨学科主题学习的开展背景

课程综合化实践化是基础教育课程改革的国际趋势，也是我国义务教育课程修订的一个重要议题。[①]

在我国教育中，分科设置课程的历史悠久且影响深远，它如同一座座精心雕琢的知识殿堂，为学生们提供了数学、科学、语言等各个领域的专门知识与技能。然而，随着时代的发展，分科课程所带来的弊端也逐渐浮出水面，诸如学科间的壁垒高筑、内容重复、观点片面等问题，如同一道道无形的墙，阻碍了知识的融会贯通与学生的全面发展。这些弊端不仅限制了学生视野的拓宽，还可能导致他们难以形成深刻的理解力和创造性的迁移能力，从而引发人们对于废除学科课程的强烈呼声。

然而，废除分科课程并非易事，亦非明智之举。试想，在缺乏专门的数学、科学、语文等学习体系的情况下，学生如何能够掌握那些强有力的、普遍适用的基本观念和系统的原理性知识？又怎能期望他们在未来的工作与生活中，展现出举一反三、创新求变的能力？分科课程之所以存在并持续发展，正是因为它适应了现代学校教育的需求，为教学活动的有序开展提供了系统的内容基础，同时也为创造大规模、高质量的课堂教学提供了可能。

正如一枚硬币的两面，分科课程在展现其优势的同时，也带来了难以回避的劣势。随

---

① 郭华.教育的模样[M].北京:教育科学出版社,2022:165—166.

着学科划分得越来越细,课程内容的组织也愈发倾向于一课接一课地进行教学。这种高度专业化的组织方式,使得学科课程逐渐变得封闭、孤立,与学生的现实生活、其他课程以及整个教育体系渐行渐远。从单门课程的角度来看,这种自我封闭的状态可能导致学生无法形成全面的认识;而从学校课程体系的整体来看,则可能丧失素养培育、整体育人的功能。

面对分科课程的这些缺陷,我们不能视而不见,更不能将其合理化。相反,我们应该积极寻求解决方案,尽力克服其缺点,减少其消极影响。跨学科主题学习,正是在这一背景下应运而生的一种积极稳妥的措施。它旨在通过打破学科壁垒,实现课程内容的综合化和实践化,从而弥补分科课程的不足。

事实上,在分科设置课程的背景下,学科相关、学科融合的理念一直受到人们的倡导。然而,这种倡导往往依赖于个别优秀教师的自觉行动,既缺乏制度上的明确要求,也缺乏方法和条件的支持。因此,其效果往往难以保证。而2022年版义务教育课程标准的出台,则正式将跨学科主题学习纳入制度要求之中,使之成为每个教师必须完成的常规活动。这一举措不仅为学科间的融合提供了制度保障,也为分科课程的综合化和实践化开辟了新的道路。

二、如何理解跨学科主题学习

跨学科主题学习有三个关键词:跨学科、主题、学习。首先是"跨学科",即立足某门学科来主动跨界,实现课程间的主动关联。如何实现学科间的关联呢?通过"主题"。主题是学生能够主动参与的、有情境的复杂问题,围绕着问题解决,需要综合运用不同学科知识,即通过学生的主动活动来实现。这就是跨学科主题学习的特点:既综合又实践。[①] 它强调立足某门学科主动跨界,实现课程间的主动关联,旨在通过综合性的学习方式,培育学生的综合素养,使他们能够更好地应对未来的挑战。

跨学科主题学习的核心在于"跨学科"。这一理念打破了传统学科之间的壁垒,鼓励学生跳出单一学科的框架,主动探索不同学科之间的联系与融合。在这一过程中,学生不再是被动的知识接受者,而是成为主动的学习者和探索者。他们通过参与有情境的复杂问题,围绕问题解决,综合运用不同学科的知识和技能,从而在实践中深化对知识的理解,提升解决问题的能力。

实现学科间的关联,关键在于"主题"的选择。一个好的主题能够激发学生的学习兴趣,引导他们主动思考、探索和发现。这些主题通常来源于现实生活,具有情境性和复杂性,需要学生综合运用多学科的知识和技能来解决。例如,一个关于"环保"的主题,可能

---

① 郭华.跨学科主题学习及其意义[J].文教资料,2022(16):22—26.

涉及生物学中的生态系统平衡、化学中的污染物质处理、地理学中的资源分布与环境保护等多个学科领域。通过这样的主题学习,学生不仅能够掌握跨学科的知识,还能够培养他们的环保意识和社会责任感。

跨学科主题学习与一线学校已经开展的项目学习、研究性学习、STEAM 学习、问题解决学习等有着相似之处,但也有着独特的优势。它不是游离于各门学科课程的专设课程,而是深深地植根于各门学科课程之中。这种设置方式使得跨学科主题学习更加稳妥,更容易落到实处、见到实效。它通过教学内容的跨学科关联及教学方式的实践化,带动了学校课程体系的整体建设,为学生提供了一个更加全面、多元的学习环境。

在跨学科主题学习中,学生的活动尤其是问题解决活动占据了重要地位。书本上静态的知识内容只有经过学生的主动活动(如分析、判断、思考、想象、表达、制作等),才能被真正理解和掌握。这些活动不仅有助于学生将知识转化为实际能力,还能够培养他们的创新精神和实践能力。例如,在解决一个关于"如何提高城市绿化覆盖率"的问题时,学生需要综合运用生物学、地理学、城市规划等多个学科的知识,进行实地考察、数据收集、模型构建等一系列实践活动。通过这些活动,他们不仅能够提出切实可行的解决方案,还能够体验到解决问题的乐趣和成就感。

值得注意的是,学科课程的教学也必须强调学生的活动。传统的灌输式教学往往忽视了学生的主体地位和主动性,导致学生被动接受知识,难以形成深刻的理解和持久的记忆。而跨学科主题学习则强调学生的主动参与和实践活动,使他们在解决问题的过程中不断深化对知识的理解。这种教学方式不仅提高了学生的学习兴趣和积极性,还能够培养他们的自主学习能力和合作精神。

事实上,几乎所有的学科都是综合的。例如,初中信息科技学科,虽作为分科课程,实则融合了数学、艺术、数据处理与多媒体制作等多个领域。正如其他学科深入后需综合交叉,信息科技学科也愈发体现跨学科融合的特性。因此,跨学科主题学习不仅是对传统教学方式的一种革新,更是对学科本质的一种回归。

在这个意义上,学科课程的教学本身就应是综合的、实践的。跨学科主题学习只是将这一理念以更加鲜明的方式表达出来,并希望通过这种方式带动学科教学自觉实现综合化、实践化。它要求教师在设计教学活动时,不仅要考虑本学科的知识点和技能点,还要关注其他学科的相关内容,以及这些知识点和技能点在实际问题中的应用。同时,它还要求教师在教学过程中注重学生的实践活动,引导他们通过动手操作、实验探究等方式来深化对知识的理解。

跨学科主题学习对于培育学生的综合素养具有重要意义。它不仅能够帮助学生掌握跨学科的知识和技能,还能够培养他们的创新精神、实践能力、社会责任感等综合素养。

这些素养是学生未来走向社会、应对挑战所必需的。因此,我们应该积极推动跨学科主题学习在学校中的实施,为学生提供更加全面、多元的学习体验和发展空间。同时,我们还需要加强对跨学科主题学习的研究和探索,不断完善其理论体系和实践模式,以更好地服务于学生的成长和发展。

三、如何做好跨学科主题学习

如何做好跨学科主题学习？一个朴素的原则是：一定不能"为跨而跨"。跨学科的实现,必须立足学科本体,依托各自学科的坚实基础。

有学科才能跨学科,立足学科才能跨学科。坚持学科立场的跨学科,才能避免庸俗化和浅表化。加拿大英属哥伦比亚大学纳雄(Nashon)教授在一次访问中提到,不能忽视STEAM教育中每一门学科的独立价值,要重视跨学科或交叉学科中的各门学科的独特性。"既立足于每一门学科的特殊性,又看到彼此间的渗透性、干预性,这对学科的研究和发展是至关重要的,亦是STEAM教育的价值所在。"就学校教学而言,教师的学科素养越高,越能融会贯通其他学科内容,与之建立起关联。如果不具备本学科的基本专业素养,"一瓶不满,半瓶晃荡",就难以开展高质量的真正的跨学科主题学习。[①]

跨学科主题学习的可行性,根植于丰富多元的学科领域存在的基础之上。现代科学概念,作为学科精髓的凝聚,其深刻内涵唯有置身于学科内部、透过学科结构的棱镜、循着学科发展的轨迹方能得以全面理解。一旦脱离了学科的框架,试图仅凭日常经验去捕捉这些科学概念的精髓,就如同在迷雾中摸索,难以触及其核心要义。原因在于,现代科学概念已逐渐超脱于日常经验的范畴,它们在学科特有的脉络中才展现出清晰而精准的意义。

掌握一门学科的科学概念系统,是解锁每个概念独特价值的关键。缺乏系统而深入的学科学习,想要获得该学科清晰明确的科学概念,无异于缘木求鱼。同样,若未能准确理解相关学科的科学概念,进行高水平的跨学科主题学习便如同建造空中楼阁,难以企及。

跨学科主题学习与系统的学科知识学习之间,存在着一种相互依存、彼此促进的紧密关系。跨学科学习不仅是学科课程学习的一个有机组成部分,更是对学科知识系统学习的一种应用与深化。它依赖于学科知识的坚实基础,同时,跨学科学习中遇到的复杂挑战与实际问题,又能激发学生更深入地探索与理解学科知识。例如,在数学学习中,学生需培养"三会"能力,即运用数学的视角审视生活、以数学的思维剖析生活、借数学的语言描

[①] 李雁冰."科学、技术、工程与数学"教育运动的本质反思与实践问题:对话加拿大英属哥伦比亚大学 Nashon 教授[J].全球教育展望,2014(11):3—8.

绘生活。现实生活虽错综复杂，但凭借数学的知识与方法，我们便能从中提炼出数学问题并寻求解决之道。① 而跨学科主题学习则为学科知识的综合运用提供了宝贵的实践舞台，使学生在实践中深化理解，并学会创造性地运用所学知识。

跨学科主题学习所获取的丰富而具体的知识形态，还需学生进一步抽象提炼，以学科逻辑重新阐述。通过这一教学过程的洗礼，学生方能真正融入知识、深入学科、理解现实、洞悉历史，为未来的知识探索与创新奠定坚实的基础。

四、跨学科主题学习的意义

在当今教育领域，如何以一种既高效又全面的方式促进学生的全面发展，成了现代学校面临的核心挑战与焦虑之源。学校，作为知识传承与人格塑造的重要阵地，其大规模教育的特性决定了课程设置必须遵循分门别类的原则，教学活动亦需逐一铺展。这种看似精细的学科划分，与人们追求的全面发展理念似乎形成了一种潜在的张力。然而，深入剖析我们会发现，分科教学其实是一种内容组织的策略，它依据学科自身的逻辑框架来编排课程内容。换言之，分科并不意味着孤立与割裂，而是通向全面发展路径上的一种策略性布局。关键在于，我们如何将这些分门别类的知识转化为学生的实践活动，让学习成为一种跨越学科边界、融合多元智慧的探索之旅。

跨学科主题学习，正是在这一背景下应运而生的一种创新教学模式，它不仅强化了学校课程体系内部各科目间的横向联系，还促进了课程内部知识的深度整合与结构化，构建了一个统一而富有活力的育人实践体系。这一模式对于学生的全面成长、教师的专业发展以及学校课程体系的整体优化，都产生了深远的影响。

跨学科主题学习的推动者与执行者，首推各科目的教师群体及其所属的教研团队。面对这一新型教学模式，每一位教师都不得不跳出传统学科教学的局限，从整体育人的高度重新审视本学科在课程体系中的定位与价值。他们不再仅仅是学科知识的传递者，而是成为学生发展的引路人，需立足学生全面发展的需要，以本学科为立足点，主动跨越学科界限，吸纳并融合其他学科的内容与方法，精心设计跨学科的主题学习活动，以此推动学科教学的全面革新。

对于学生而言，跨学科主题学习无疑是一场思想的盛宴与行动的历练。它为学生提供了一个更为真实、生动的参与平台，让学生在解决复杂问题的过程中，体验到主体参与的乐趣与成就感。这种学习方式与社会生活和科学研究高度契合，其魅力在于其情境的真实性、结果的开放性以及过程的不确定性。不确定性为学生的探索之旅增添了无限可能，激发了他们的好奇心与求知欲，让他们意识到努力的意义所在。在探索的过程中，即

---

① 郭华.跨学科主题学习及其意义[J].文教资料，2022(16):22—26.

便遭遇失败或错误,也是宝贵的学习经历,它们构成了学习旅程中不可或缺的一部分,教会了学生如何在不确定性中寻找确定性,如何在失败中吸取教训,如何在错误中发现创新的火花。

跨学科主题学习不仅是对知识学习的超越,更是一种自觉教育生活的构建。它强调"合作"的重要性,这种合作不仅限于师生之间,更涵盖了学生之间、校内与校外之间的广泛联结。在跨学科主题学习中,任务往往复杂且富有挑战性,单凭个人之力难以在短时间内完成,因此小组合作成为必然选择。这种合作模式,不仅促进了知识的共享与智慧的碰撞,更让学生在共同解决问题的过程中学会了沟通、协调与妥协,体验到了与他人共存共荣的深刻意义。小组合作,因此超越了单纯的学习范畴,成为一种模拟社会生活的实践,让学生在实践中学会合作,在合作中学会成长。

跨学科主题学习将社会实践的创新过程巧妙地融入学校教学之中,为学生提供了一个从理论到实践、从课堂到社会的无缝对接平台。它鼓励学生关心社会、关注现实,通过解决真实情境中的问题,培养他们的社会责任感与使命感。在这一过程中,学生不仅能够提前体验未来可能面临的新实践活动,还能在实践中锻炼能力、塑造品格、形成正确的价值观。跨学科主题学习,因此成为一种集学习、实践与创造于一体的教育模式,它让学生在继承中思考、在质疑中创新、在创新中延续历史,真正实现了知识与人格的同步成长。

更为深远的是,跨学科主题学习为学生提供了一个认识自我、认识社会、认识未来的契机。它让学生在探索知识的过程中,深切体会到自己作为社会成员的责任与担当,激发了他们走向未来、创造未来的勇气与决心。在这一过程中,学生不再是被动的知识接受者,而是成为主动的学习者、创造者和社会变革的推动者。跨学科主题学习,因此成为一种连接过去与未来、理论与实践、个体与社会的桥梁,它让学生在知识的海洋中遨游,在历史的脉络中寻根,在社会的舞台上展翅,最终成为具有责任感、使命感和创新精神的未来公民。

综上所述,跨学科主题学习不仅是对传统教学模式的一次革新,更是对现代学校教育理念的一次深刻重塑。它以一种全新的视角审视教育,以一种开放的心态拥抱未来,为学生提供了一个全面、深入、生动的成长环境,让他们在知识的海洋中自由翱翔,在实践的舞台上勇敢探索,最终走向一个更加光明、更加美好的未来。

第四节　基于跨学科主题学习的素养培育

初中信息科技跨学科主题学习,旨在通过融合数学、物理、科学和艺术等多学科内容,培育学生信息素养、计算思维与问题解决能力。学生不仅掌握信息技术基础知识与技能,还学会在复杂情境中运用信息技术解决实际问题,促进跨学科知识的融会贯通。此过程强调批判性思维、团队协作与自主学习,为学生未来适应快速变化的社会奠定坚实基础。

一、促进知识整合与提升跨学科实践应用技能

在促进基于跨学科主题学习的素养培育中,知识整合与跨学科实践应用技能的提升是核心目标。

首先,课程设计需融合多元学科,围绕真实世界问题或挑战,如环境保护、健康医疗等,设计综合性学习项目。这样的设计鼓励学生跨越学科界限,将数学逻辑、科学原理、人文视角等有机融合,促进知识的深度理解和广度拓展。

其次,实施探究式学习,鼓励学生主动探索、提出问题、设计实验或调研方案,并在过程中应用不同学科的知识和技能。通过小组合作,学生能够相互学习,共同解决问题,这种实践不仅加深了知识整合,还锻炼了批判性思维、创新能力和团队协作能力。

最后,强化技术工具的应用,利用信息技术平台,如数据分析软件、虚拟现实技术等,为学生提供丰富的资源和工具支持。技术不仅作为学习手段,更是跨学科实践应用的桥梁,帮助学生培养将理论知识转化为解决实际问题的能力,如通过编程模拟气候变化、利用大数据分析社会现象等,从而显著提升跨学科实践应用技能。

二、培养批判性思维与创新能力

什么是批判性思维?最早给出"批判性思维"定义的人是美国哲学家约翰·杜威,他在《我们如何思考》中称之为"反思性思维"(reflective thought),并做了这样的定义:对观点和被认同的知识所采取的主动的、持续的、仔细的思考。更准确地说,批判性思维是指有效识别、分析和评估观点与事实,认识和克服个人的成见和偏见,形成和阐述可支撑结论、令人信服的推理,在信念和行动方面作出合理明智的决策所必需的一系列认知技能和思维素质的总称。[1]

(一)构建跨学科知识框架,奠定批判性思维与创新能力的基础

在跨学科主题学习中,首要任务是构建一个广泛而深入的知识框架,这是培养批判性思维与创新能力的基石。跨学科学习意味着跨越传统学科界限,将不同领域的知识和方

---

[1] [美]格雷戈里·巴沙姆,威廉·欧文等.批判性思维[M].北京:外语教学与研究出版社,2019.

法相互融合,形成综合性的视角。

1. 多元知识融合

鼓励学生探索多个学科领域,如科学、技术、工程、艺术、数学(STEAM)等,通过项目式学习、主题研究等方式,将不同学科的知识点和思维方式串联起来。这种融合有助于学生理解问题的多维度和复杂性,为批判性思考提供丰富的素材。

2. 问题导向学习

设定具有挑战性的跨学科问题或项目,引导学生主动探索、分析和解决。在解决问题的过程中,学生需要综合运用多学科知识,这不仅能够锻炼他们的信息整合能力,还能激发他们对既有知识的质疑和反思,是培养批判性思维的关键步骤。

3. 培养元认知能力

元认知是指对自己认知过程的认知。在跨学科学习中,教师应引导学生反思自己的学习过程,评估所使用的方法是否有效,鼓励自我提问和批判性评价,从而增强他们的元认知能力,为持续的创新和批判性思维打下坚实的基础。

(二)实践与创新:在跨学科项目中锻炼批判性思维与创新能力

理论知识的学习是基础,而实践则是将知识转化为能力的关键。通过参与跨学科项目,学生可以在真实或模拟的情境中应用所学知识,锻炼批判性思维并激发创新潜能。

1. 设计思维的应用

引入设计思维方法,包括同理心、定义问题、构思、原型制作和测试等步骤,鼓励学生从用户角度出发,创造性地解决问题。这一过程中,学生需要不断质疑假设、提出新观点,并通过迭代优化方案,从而有效锻炼批判性思维和创新能力。

2. 团队合作与冲突解决

跨学科项目往往需要团队成员来自不同学科背景,拥有不同的专业知识和技能。在合作过程中,学生将面对意见不合、资源分配不均等挑战,这要求他们学会倾听、协商和妥协,同时保持对问题的批判性思考,寻找最佳解决方案。这一过程不仅促进了创新思维的碰撞,也锻炼了团队协作和冲突解决能力。

3. 实践与反馈循环

鼓励学生将创意转化为实际行动,并通过实验、测试等方式收集反馈。反馈是改进和创新的重要来源,通过分析反馈,学生可以识别问题所在,进一步调整和优化方案,形成实践与反馈的良性循环。这一过程不仅强化了学生的批判性思维,也促进了创新能力的持续提升。

三、营造支持性环境,激发批判性思维与创新潜能

一个支持性、鼓励尝试和失败的学习环境对于培养学生的批判性思维与创新能力至

关重要。

1. 鼓励开放讨论与质疑

在课堂上,教师应鼓励学生勇于表达自己的观点,即使这些观点可能与主流意见相悖。通过组织辩论、小组讨论等形式,营造一种开放、包容的学习氛围,让学生敢于质疑、勇于探索。

2. 提供个性化指导

每个学生都是独一无二的,他们的兴趣、能力和学习风格各不相同。教师应关注每一位学生的成长需求,提供个性化的指导和支持,帮助他们发现自身优势,激发创新潜能。

3. 认可与奖励创新成果

对于学生在跨学科项目中的创新成果,无论大小,都应给予充分的认可和奖励。这不仅可以增强学生的自信心和成就感,还能激发更多学生参与到创新活动中来,形成良性循环。

通过构建跨学科知识框架、在项目中实践与创新以及营造支持性环境,可以有效地培养学生的批判性思维与创新能力。这一过程不仅促进了学生综合素质的提升,也为他们未来的学习和职业发展奠定了坚实的基础。

四、发展跨界合作与沟通能力

(一)建立跨学科团队,培养跨界合作意识

在跨学科主题学习中,首要任务是组建多元化的学生团队,这些团队成员来自不同的学科背景,各自拥有独特的专业知识和视角。这种跨学科的组合为跨界合作提供了天然的土壤。

1. 多元背景融合

鼓励学生跨越传统学科界限,与来自科学、技术、人文、艺术等不同领域的学生组成团队。通过团队活动,学生可以相互学习,了解不同学科的研究方法、思维方式和价值取向,从而拓宽视野,增强对跨界合作重要性的认识。

2. 共同目标设定

为跨学科团队设定明确而具有挑战性的目标,这些目标通常需要综合运用多学科知识才能达成。共同目标的设定能够激发团队成员的协作意愿,促进他们之间的沟通与协调,形成合力。

3. 角色分配与互补

在团队中,根据成员的专业特长和兴趣爱好进行角色分配,确保每个成员都能在团队中发挥独特作用。同时,鼓励成员之间相互学习、相互补充,形成优势互补的合作关系,共

同推进项目进展。

(二)强化沟通技能,提升跨界合作效率

跨界合作离不开有效的沟通。在跨学科主题学习中,学生需要掌握一系列沟通技能,以确保团队内部和团队之间的信息畅通无阻。

1. 倾听与理解

在沟通中,首先要学会倾听他人的观点和意见,理解对方的立场和需求。通过积极倾听,可以减少误解和冲突,为进一步的合作奠定基础。

2. 清晰表达

鼓励学生用简洁明了的语言表达自己的观点和想法,确保团队成员能够准确理解其意图。同时,注重表达的逻辑性和条理性,以便对方更好地把握问题的核心。

3. 冲突解决

在跨学科合作中,难免会出现意见不合和冲突。学生需要学会以建设性的方式处理这些冲突,通过协商、妥协或寻求第三方意见等方式找到双方都能接受的解决方案。

4. 跨文化交流

在全球化背景下,跨界合作往往涉及不同文化背景的个体或团队。因此,学生还需要具备跨文化交流的能力,尊重并理解不同文化的差异,以开放包容的心态进行沟通和合作。

(三)营造支持性环境,促进跨界合作与沟通

一个支持性、鼓励跨界合作与沟通的学习环境对于学生的发展至关重要。学校和教育者可以通过以下方式营造环境:

1. 提供资源和平台

为学生提供丰富的跨学科学习资源和交流平台,如图书馆、在线数据库、实验室、研讨会等。这些资源和平台可以帮助学生更好地了解不同学科的知识和方法。

2. 鼓励实践与创新

通过组织跨学科项目、竞赛、实习等活动,鼓励学生将所学知识应用于实践中,通过实践锻炼他们的跨界合作与沟通能力。同时,鼓励学生勇于尝试新事物、提出新想法,激发他们的创新意识和创造力。

3. 建立激励机制

对于在跨界合作中表现突出的学生或团队给予奖励和表彰,如颁发证书、提供奖学金、推荐实习机会等。这些激励措施可以增强学生的成就感和归属感,进一步激发他们参与跨界合作与沟通的积极性。

4. 倡导开放包容的文化

在校园内倡导开放包容的文化氛围，鼓励学生尊重差异、包容多样。通过举办文化交流活动、开展多元文化教育等方式，帮助学生增进对其他文化和学科的理解和尊重，为跨界合作与沟通创造良好的人文环境。

可见，通过建立跨学科团队、强化沟通技能以及营造支持性环境等措施，可以有效地发展学生的跨界合作与沟通能力。这种能力不仅对于他们的学业成就具有重要意义，更为他们未来的职业生涯和社会生活奠定了坚实的基础。

五、提高解决复杂问题的能力

基于跨学科主题学习，提高解决复杂问题的能力是智能时代教育的重要目标之一。复杂问题往往涉及多个领域的知识、相互交织的因果关系以及不确定的情境因素，因此，跨学科的学习方法和策略显得尤为重要。以下从四个方面阐述如何通过跨学科主题学习来提高解决复杂问题的能力。

（一）构建综合知识框架

跨学科主题学习鼓励学生跨越传统学科的界限，将不同领域的知识进行有机融合，构建一个综合的知识框架。这种框架不仅包含了各学科的基础知识，还涉及它们之间的内在联系和相互作用。在解决复杂问题时，学生可以利用这一综合框架，从不同角度审视问题，识别出问题的多维度特性和潜在的影响因素。例如，在环境科学领域，一个关于气候变化的复杂问题可能涉及地理学、生物学、化学、物理学以及经济学等多个学科的知识。通过跨学科学习，学生可以更好地理解气候变化的成因、影响及应对策略，从而提出更加全面和有效的解决方案。

（二）培养批判性思维和创新能力

跨学科主题学习强调对知识的批判性审视和创新性应用。在解决复杂问题的过程中，学生需要不断质疑现有理论和假设，通过逻辑推理和实证分析来验证其正确性。同时，他们还需要发挥创新能力，提出新颖的观点和解决方案。这种批判性思维和创新能力是解决复杂问题的关键。跨学科学习为学生提供了多样化的思维工具和方法，如系统思维、设计思维、创造性思维等，这些工具和方法能够帮助学生更好地应对复杂问题的挑战。例如，在解决城市交通拥堵问题时，学生可以通过跨学科学习，运用系统思维分析交通系统的各个组成部分及其相互关系，然后运用设计思维提出创新的交通规划和管理方案。

（三）强化实践能力和团队协作能力

跨学科主题学习注重将理论知识与实践活动相结合，通过项目式学习、案例分析、实地考察等方式，让学生在实践中学习和解决问题。这种实践导向的学习方式能够帮助学生将所学知识应用于实际情境中,提高他们的实践能力和解决问题的能力。同时,跨学科学习还强调团队协作的重要性。在解决复杂问题时,学生需要与来自不同学科背景的同学合作,共同完成任务。这种团队协作能够促进学生之间的交流和合作,培养他们的沟通能力和团队协作精神。通过团队协作,学生可以集思广益,共同应对复杂问题的挑战,提高解决问题的效率和质量。

(四) 培养适应性和终身学习的能力

复杂问题往往具有不确定性和动态性,需要学习者具备适应性和终身学习的能力。跨学科主题学习通过引入多样化的学习内容和方式,帮助学生适应不同领域的知识更新和变化。同时,它还鼓励学生主动探索未知领域,保持对新知识的好奇心和求知欲。这种适应性和终身学习的能力对于解决复杂问题至关重要。因为复杂问题往往没有固定的答案和解决方案,需要学习者不断学习和探索新的知识和方法。通过跨学科学习,学生可以培养起对未知领域的探索精神和持续学习的习惯,从而更好地应对复杂问题的挑战。

总之,基于跨学科主题学习提高解决复杂问题的能力需要从构建综合知识框架、培养批判性思维和创新能力、强化实践能力和团队协作能力以及培养适应性和终身学习的能力四个方面入手。这四个方面相互关联、相互促进,共同构成了提高解决复杂问题能力的完整体系。通过跨学科学习,学生可以更加全面地理解和应对复杂问题,为未来的学习和生活奠定坚实的基础。

本章小结

跨学科主题学习作为一种超越传统学科界限的教育模式,正日益受到教育界的关注。它通过整合不同学科的知识、技能、方法和视角,围绕核心主题或问题组织教学活动,旨在培养学生的综合素养、创新能力、批判性思维和解决问题的能力。这种模式打破了传统学科之间的壁垒,促进了课程的整合与优化,为学生提供了更广阔的学习空间和更丰富的学习体验。在信息科技领域,跨学科主题学习更是被赋予了独特的意义和要求。它要求学生在学习过程中,不仅要掌握信息科技的基础知识与技能,还要能够跨越学科界限,将数学逻辑、科学原理、人文视角等有机融合,通过真实情景化的实践活动,解决实际问题,培养创新意识和科学思维。同时,跨学科主题学习也强调学生在团队协作中提升数字素养与技能,在"做中学""用中学""创中学"中不断探索和成长。

跨学科主题学习的实践应用,不仅有助于提升学生的综合素养和能力,还能促进他们的全面发展和终身学习习惯的养成。它鼓励学生主动探索未知领域,保持对新知识的好奇心和求知欲,培养适应性和终身学习的能力。通过引入多样化的学习内容和方式,跨学科主题学习帮助学生适应不同领域的知识更新和变化,为他们的未来学习和生活打下坚实的基础。此外,跨学科主题学习还通过强化技术工具的应用,为学生提供丰富的资源和工具支持,帮助他们将理论知识转化为解决实际问题的能力。这种学习方式不仅有助于学生在学业上取得成功,更能为他们的未来生活和职业发展带来无限可能。

◆ 本章回顾与思考

1. 你能说出跨学科主题学习的特征及其开展方式吗?

2. 结合案例说明"跨学科主题学习"对于学科教学改进的意义。

3. 如何开展基于跨学科主题学习的计算思维教学?

第三章

数字素养
——跨学科主题学习的实施能力诉求

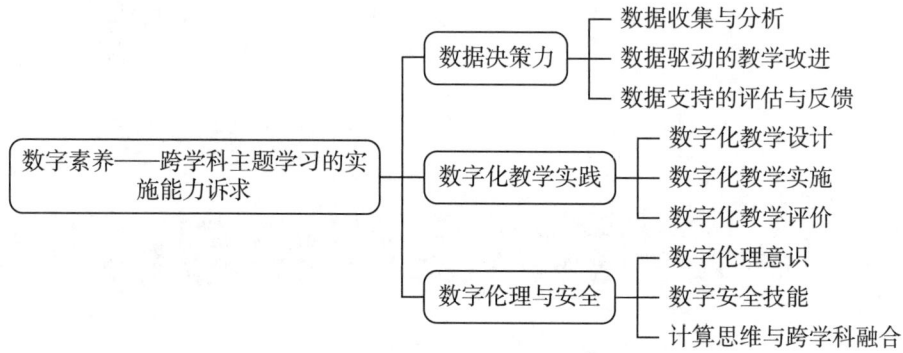

第一节　数据决策力

在数字素养的视角下,跨学科主题学习的实施能力诉求中,数据决策力显得尤为重要。数据决策力是指个体在复杂多变的数字环境中,运用数据分析、信息整合及批判性思维,做出科学、合理决策的能力。在跨学科主题学习中,数据决策力促使学生不仅能够跨越学科界限,综合运用多学科知识解决实际问题,还能通过数据分析精准把握问题本质,制定有效解决方案。跨学科主题学习要求学生从多个角度审视问题,搜集并整合来自不同学科的信息资源,这一过程中,数据决策力帮助学生筛选出有价值的信息,剔除无效或误导性数据。通过数据分析,学生能够更准确地理解问题,并在此基础上进行创新性思考,提出具有前瞻性和实用性的解决方案。

此外,数据决策力还促进了学生在跨学科学习中的团队协作与领导力发展。在团队合作中,学生需要共同分析数据、制定策略,这一过程不仅锻炼了学生的沟通协调能力,还提升了他们的领导力和决策能力。因此,数据决策力是跨学科主题学习中不可或缺的关键能力之一,对于提升学生的数字素养和综合素养具有重要意义。

一、数据收集与分析

在当今这个数据驱动的时代,数据收集与分析能力不仅是企业竞争力的核心,也是教育领域不可或缺的一部分,尤其是在信息科技跨学科主题学习与学生计算思维发展的背景下。数据决策力,即基于数据洞察做出明智决策的能力,对于提升教育质量、优化学习路径、促进学生个性化发展具有重要意义。以下从五个方面详细阐述数据收集与分析能力的重要性,并结合信息科技跨学科主题学习与学生计算思维发展的实例进行说明。

（一）明确数据需求与目标设定

数据收集与分析的第一步是明确所需数据的类型、范围及目标。这要求教育者或项目管理者能够清晰地定义问题,识别哪些数据能够解答这些问题,并设定可量化的目标来指导数据收集过程。比如,在信息科技跨学科项目中,如"智慧城市"主题学习,教师首先需要明确项目目标,了解学生对智慧城市概念的理解程度、技术应用的偏好以及解决问题的能力。基于这些目标,设计问卷、观察记录表、项目日志等多种数据收集工具,收集学生在项目设计、实施、反思等阶段的数据。

（二）高效的数据收集方法

高效的数据收集方法能够确保数据的全面性、准确性和及时性。这包括选择合适的工具(如在线调查平台、传感器、日志分析工具等),设计合理的问卷或数据采集流程,以及确保数据收集过程中的隐私保护和伦理合规。比如,在促进学生计算思维发展的编程课程中,教师可以利用编程平台内置的进度跟踪系统收集学生的编程实践数据,如代码编写量、错误修正次数、完成任务时间等。同时,通过课堂观察记录学生解决问题的策略、团队合作情况等非量化数据,形成对学生计算思维发展的多维度评估。

(三)数据分析技能与工具应用

数据分析是将原始数据转化为有价值信息的关键步骤。掌握基本的数据分析技能,如描述性统计、相关性分析、趋势预测等,以及熟练使用数据分析工具(如 Excel、Python、R 语言、SPSS 等),对于提取数据中的洞察至关重要。比如,在跨学科项目中,教师可以使用 Excel 或 Python 对数据进行清洗、整理,并运用描述性统计方法分析学生项目成果的质量分布、团队合作效率等。进一步,通过相关性分析探索不同学习策略与学生成绩之间的关系,为优化教学设计提供依据。

(四)数据驱动的决策制定

数据收集与分析的最终目的是支持决策制定。基于数据分析结果,教育者可以更加科学地调整教学策略、优化资源配置、设计个性化学习路径,从而提升教学效果和学习体验。比如,在发现某部分学生在编程逻辑上存在普遍困难后,教师可以根据数据分析结果调整教学计划,增加逻辑思维的专项训练,或采用分层教学的方式,为不同水平的学生提供适合的学习资源。同时,通过数据分析识别出高效的学习方法和策略,鼓励学生在团队中分享,促进整体学习成效的提升。

(五)持续反馈与迭代优化

数据决策力还体现在对决策执行效果的持续监测与反馈上。通过收集实施决策后的新数据,进行再次分析,评估决策效果,并根据需要调整策略,形成闭环优化机制。比如,在跨学科项目结束后,教师可以通过问卷调查、访谈等方式收集学生、教师及家长的反馈,结合项目成果评估数据,全面分析项目实施的成效与不足。基于这些反馈,教师可以对下一次项目的设计、实施过程进行迭代优化,比如调整项目难度、增加跨学科融合点、优化评价体系等,以持续提升学生的跨学科素养和计算思维能力。

数据收集与分析能力在信息科技跨学科主题学习与学生计算思维发展中扮演着至关重要的角色。通过明确数据需求、高效收集数据、精准分析数据、科学决策以及持续反馈优化,教育者能够更加精准地把握学生的学习状态和需求,提供更加个性化、高效的教学支持,从而促进学生全面发展。

二、数据驱动的教学改进

在当今这个数据爆炸的时代,教育领域正经历着前所未有的变革。数据决策力,即基于数据分析和洞察来指导决策的能力,已成为推动教学创新、提升教育质量的关键力量。

在信息科技跨学科主题学习与学生计算思维发展的背景下,数据驱动的教学改进显得尤为重要。本文将从数据驱动的教学评估、个性化学习路径设计、教学资源优化与分配以及教学策略动态调整四个方面,深入探讨数据决策力在教学改进中的应用,并结合实例进行具体说明。

(一)数据驱动的教学评估

传统的教学评估往往依赖于单一的考试成绩或教师的主观判断,难以全面、客观地反映学生的学习状况和教学效果。而数据驱动的教学评估则通过收集、分析学生在学习过程中产生的各类数据,如学习行为数据、作业完成情况、测试成绩、课堂参与度等,形成对学生学习状态的全方位、多角度的评估。这种评估方式不仅能够更准确地反映学生的学习成效,还能为教师提供关于教学策略有效性的即时反馈。比如,在信息科技跨学科主题学习中,如"智能医疗"项目,教师可以通过学习管理系统(LMS)收集学生在项目设计、编程实践、团队合作等各个环节的数据。利用数据分析工具,教师可以分析学生的代码编写质量、问题解决能力、团队协作效率等关键指标,从而全面评估学生的学习成效。同时,教师还可以通过问卷调查、访谈等方式收集学生的主观反馈,了解学生对项目内容的理解程度、学习兴趣及挑战等,进一步丰富评估维度。基于这些数据,教师可以发现教学中的亮点与不足,为后续的教学改进提供依据。

(二)个性化学习路径设计

每个学生都是独一无二的个体,他们在学习兴趣、学习风格、学习进度等方面存在差异。数据驱动的教学改进强调根据学生的个体差异设计个性化的学习路径,以满足不同学生的学习需求。通过分析学生的学习数据,教师可以识别出学生的学习特点、优势与不足,并据此推荐适合的学习资源、学习方法和学习节奏,帮助学生实现高效学习。比如,在促进学生计算思维发展的编程课程中,教师可以通过编程平台收集学生的编程实践数据,如代码编写量、错误修正次数、完成任务时间等。利用数据分析工具,教师可以分析学生的编程能力水平、学习习惯及潜在的学习障碍。对于编程能力较强的学生,教师可以推荐更高级别的编程挑战或团队项目,以进一步激发他们的学习兴趣和创造力;而对于存在困难的学生,教师可以提供个性化的辅导资源、降低任务难度或采用分步教学的方法,帮助他们逐步克服学习障碍。

(三)教学资源优化与分配

教学资源的优化配置是提高教学质量的重要保障。数据驱动的教学改进通过分析教学资源的使用情况、学生需求及教学效果,对教学资源进行合理配置和动态调整。这包括教学设备的更新升级、教学软件的引进与整合、教学材料的优化设计以及教师资源的合理调配等。通过优化资源配置，可以确保教学资源得到充分利用，提高教学效率和效果。比如，在信息科技跨学科主题学习中，教师可以利用数据分析工具分析学生对不同教学资源的需求和使用情况。例如，通过分析学生访问在线课程、使用虚拟实验室、参与在线讨论等频率和时长的数据，教师可以发现哪些教学资源更受学生欢迎，哪些资源利用率较低。基于这些数据，教师可以对教学资源进行优化配置，如增加热门资源的投入、改进利用率低的资源设计或引入新的教学资源。此外，教师还可以根据学生的学习需求和能力水平，为他们推荐合适的学习资源和工具，如在线编程教程、虚拟仿真实验平台等，以促进学生的自主学习和深度学习。

（四）教学策略动态调整

教学策略是实现教学目标的重要手段。数据驱动的教学改进强调根据学生的学习数据和教学效果反馈，动态调整教学策略以适应学生的学习需求和教学情境的变化。这包括教学方法的创新、教学流程的优化以及教学评价的多元化等。通过不断调整和优化教学策略，教师可以更好地激发学生的学习兴趣和积极性，提高教学效果和学习成果。比如，在信息科技跨学科主题学习中，教师可以通过观察学生的学习行为和反馈数据，及时发现教学中存在的问题和瓶颈。例如，在"智能家居"项目中，教师发现部分学生在编程实现智能家居功能时遇到较大困难。针对这一问题，教师可以调整教学策略，如引入更多的编程实例和案例分析、组织编程工作坊或邀请行业专家举办讲座等，以帮助学生更好地理解和掌握编程技能。同时，教师还可以根据学生的学习进度和兴趣点，灵活调整教学内容和难度梯度，确保每个学生都能在适合自己的学习节奏中取得进步。

数据决策力在数据驱动的教学改进中发挥着至关重要的作用。通过数据驱动的教学评估、个性化学习路径设计、教学资源优化与分配以及教学策略动态调整等四个方面的努力，教师可以更加精准地把握学生的学习状态和需求，提供更加个性化、高效的教学支持。在信息科技跨学科主题学习与学生计算思维发展的背景下，这种以数据为驱动的教学改进模式不仅有助于提升学生的综合素养和创新能力，还能为教育领域的可持续发展注入新的活力。未来，随着技术的不断进步和数据资源的日益丰富，数据决策力将在教育领域发挥更加重要的作用。

三、数据支持的评估与反馈

在当今这个数据驱动的时代，数据决策力已成为组织和个人在复杂环境中做出明智决策的关键能力。教育领域也不例外，特别是在信息科技跨学科主题学习、学生计算思维发展以及数字素养提升等方面，数据支持的评估与反馈机制发挥着至关重要的作用。本文将从数据决策力的角度出发，深入探讨数据支持的评估与反馈的五个关键方面，并结合具体实例进行详细说明。

(一)数据收集的全面性与准确性

数据收集的全面性与准确性是数据支持评估与反馈的基础。全面的数据能够覆盖所有相关方面,确保评估的全面性和无遗漏;而准确的数据则是保证评估结果可靠性的前提。在教育领域,这意味着需要收集学生在学习过程中的各种数据,包括但不限于学习行为、成绩表现、作业完成情况、课堂参与度等,同时确保这些数据的真实性和准确性。比如,在信息科技跨学科主题学习中,如"智能城市"项目,教师可以通过学习管理系统(LMS)和在线协作平台收集学生的数据。这些数据包括学生在项目设计、编程实践、数据收集与分析、团队合作等各个环节的表现。为了确保数据的全面性,教师可以设置多个评估维度,如创意性、技术实现能力、团队协作能力等。同时,通过技术手段(如防作弊系统、数据校验工具)确保数据的准确性,避免虚假数据对评估结果的影响。

(二)数据分析的深度与洞察力

数据分析的深度与洞察力是数据支持评估与反馈的核心。通过深入的数据分析,可以挖掘出数据背后的规律和趋势,为决策提供有力的支持。在教育领域,这要求教育者具备数据分析的能力,能够运用统计方法、人工智能等技术手段,对收集到的数据进行深入挖掘,发现学生的学习特点、问题所在以及潜在的学习需求。比如,在学生计算思维发展的评估中,教师可以通过编程练习平台收集学生的编程实践数据。利用数据分析工具,教师可以分析学生的代码质量、问题解决能力、算法思维等关键指标。通过深度分析,教师可以发现学生在计算思维发展过程中的优势和不足,如有的学生擅长算法设计但缺乏代码实现能力,有的学生则相反。基于这些洞察,教师可以为学生提供个性化的学习建议和资源推荐,帮助他们更好地发展计算思维。

(三)评估标准的科学性与合理性

评估标准的科学性与合理性是确保评估结果公正、客观的关键。在教育领域,评估标准应基于教育目标和学生发展需求制定,既要考虑学生知识的掌握程度,也要关注其能力的发展、情感态度和价值观的培养等方面。同时,评估标准应具有可操作性和可衡量性,便于教育者在实际教学中应用和实施。比如,在数字素养的评估中,教师可以制定一套包含多个维度的评估标准,如信息获取能力、信息处理能力、信息安全意识、数字伦理道德等。每个维度下又可以设置具体的评估指标和评分标准。例如,在信息获取能力方面,可以评估学生是否能够熟练运用搜索引擎查找相关信息、是否能够辨别信息的真伪和可靠性等。通过科学合理的评估标准,教师可以全面、客观地评价学生的数字素养水平,为后续的教学改进提供依据。

（四）反馈机制的及时性与有效性

反馈机制的及时性与有效性是数据支持评估与反馈的重要环节。及时的反馈可以帮助学生及时纠正错误、调整学习策略；而有效的反馈则能够为学生提供有价值的建议和指导，促进他们的成长和发展。在教育领域，这要求教育者建立高效的反馈机制，确保评估结果能够迅速传达给学生，并且反馈内容具有针对性和可操作性。比如，在信息科技跨学科主题学习中，教师可以通过在线平台实时查看学生的学习进度和成果，并及时给予反馈。例如，在"智能城市"项目中，当学生完成某个阶段的任务后，教师可以通过平台查看他们的作品和报告，并给出具体的评价和建议。这些反馈可以包括对学生创意的肯定、对技术实现的指导、对团队协作的建议等。通过及时的反馈，学生可以及时了解自己的优点和不足，调整学习方向和方法，提高学习效果。

（五）持续改进与优化的循环机制

持续改进与优化的循环机制是数据支持评估与反馈的最终目标。通过不断的评估、反馈、改进和优化，可以形成一个良性循环，推动教育质量的持续提升。在教育领域，这要求教育者具备持续改进的意识和能力，能够根据评估结果和反馈意见不断调整教学策略、优化教学资源、改进教学方法等。比如，在学生计算思维发展的教学过程中，教师可以通过定期的教学反思和评估来发现教学中存在的问题和不足。例如，通过数据分析发现学生在算法设计方面存在困难时，教师可以调整教学内容和难度梯度，增加算法设计方面的练习和讲解；同时，也可以引入更多的教学资源，如在线课程、编程竞赛等以激发学生的学习兴趣和积极性。此外，教师还可以邀请行业专家举办讲座或工作坊等活动以拓宽学生的视野和知识面。通过持续改进和优化循环机制的应用，教师可以不断提升教学质量和效果，促进学生的全面发展。

数据决策力在教育领域的应用，通过全面准确的数据收集、深度洞察的数据分析、科学合理的评估标准、及时有效的反馈机制及持续改进的循环机制，显著提升了教学质量与学生能力。在信息科技跨学科学习、计算思维发展及数字素养提升等方面，数据支持不仅帮助教师精准教学，还促进了学生的个性化成长，推动了教育教学的持续优化与创新。

第二节　数字化教学实践

跨学科主题学习的实施能力诉求聚焦于信息科技、学生计算思维与数字素养三大方面。在信息科技跨学科主题学习中，教育者需整合技术资源，创设互动学习环境，促进多学科知识融合。学生计算思维发展方面，强调编程教育与逻辑思维训练，培养问题解决与创新能力。数字素养则要求学生掌握信息检索、评估与利用技能,具备网络安全意识,以适应数字化时代需求。这些能力诉求的达成共同推动跨学科主题学习的深入实施,培养具备综合素养的未来人才。

一、数字化教学设计

随着数字化时代的到来,教育领域正经历着深刻的变革。信息科技(IT)与其他学科的深度融合,不仅为传统教学模式注入了新的活力,也为培养学生的计算思维提供了更为广阔的舞台。本文将从五个方面详细阐述如何通过数字化教学设计能力,在信息科技跨学科主题学习中促进学生的计算思维发展。

(一)明确教学设计目标:以计算思维为核心

数字化教学设计能力首先体现在对教学目标的明确与精准定位上。在信息科技跨学科主题学习中,教学设计应紧密围绕计算思维的发展,将其视为核心目标。计算思维是一种广泛应用于日常生活、学校教育和职业领域的关键认知能力,它包括数值感知、数学关系理解、问题解决及沟通与表达等多个方面。

在设计跨学科主题教学时,教师应根据学生的学习需求和认知水平,将计算思维的培养目标细化到每一节课、每一个学习活动中。例如,在"智能生活"这一跨学科主题中,可以结合数学、物理、语文等多学科知识,设计一系列围绕"智能家居系统设计与实现"的学习任务。通过引导学生分析需求、设计算法、编写程序、测试评估等过程,全方位培养其计算思维能力。

(二)整合跨学科资源:构建丰富的学习情境

数字化教学设计能力的另一个重要体现是资源的整合与利用。在信息科技跨学科主题学习中,教师应具备整合多学科知识、技术工具及实践资源的能力,为学生构建丰富多样的学习情境。

以"环保小卫士"为例,这一跨学科主题可以融合数学、科学、信息技术等多学科知识。在教学设计时,教师可以利用数字资源:如虚拟实验室、在线平台等;模拟真实环境中的环保问题,如水质监测、垃圾分类等。通过跨学科知识的整合与应用,引导学生在解决具体问题的过程中发展计算思维。

此外,教师还可以借助数字化教学平台,如希沃电子白板工具等,实现教学资源的共享与优化。通过集体备课、数据分析等功能,教师可以及时调整教学策略,优化教学内容,为学生的学习提供有力支持。

(三)采用问题导向教学:激发学生的主动探索

问题导向教学是培养学生计算思维的有效途径之一。在信息科技跨学科主题学习中，教师应善于提出问题、引导学生分析问题并寻找解决方案。这种教学方式能够激发学生的主动探索精神，培养其独立思考和解决问题的能力。例如，在"智能医疗"跨学科主题中，教师可以提出"如何设计一款能够辅助医生诊断疾病的智能系统？"这一问题，引导学生从需求分析、数据采集、算法设计、系统测试等多个方面进行思考与实践。通过小组讨论、项目合作等形式，让学生在实际操作中发展计算思维。

(四) 强化实践教学：促进知识转化与应用

实践教学是信息科技跨学科主题学习中不可或缺的一环。通过实践活动，学生能够将所学知识转化为实际操作能力，并在应用中不断深化对计算思维的理解与掌握。

在设计实践教学环节时，教师应注重项目的真实性和挑战性。鼓励学生结合实际问题进行设计与实践，如开发一款实用的手机应用程序、设计一个简单的机器人等。同时，教师还应提供必要的技术支持与指导，确保学生在实践过程中能够顺利解决问题并取得成果。

此外，教师还可以组织学生参加各类科技竞赛、展览等活动，让学生在实践中展示成果、交流经验，进一步提升其计算思维能力和综合素质。

(五) 实施个性化教学：关注学生个体差异

在数字化教学设计中，教师应关注学生的个体差异，实施个性化教学策略。针对不同学生的学习需求和能力水平，设计不同层次的学习任务和挑战性任务，确保每个学生都能在适合自己的学习环境中得到发展。

为了实现个性化教学，教师可以利用数字化教学平台的数据分析功能，及时了解学生的学习情况和进步速度。通过数据分析结果，教师可以为学生提供个性化的学习建议和资源推荐，帮助学生克服学习困难、提升学习效果。

同时，教师还应鼓励学生根据自身兴趣和特长进行自主学习和探究。例如，在"信息安全"跨学科主题中，对于对编程感兴趣的学生，教师可以引导他们深入学习编程语言和技术；对于对网络安全有兴趣的学生，则可以提供相关的案例分析和实战演练机会。

数字化教学设计能力在信息科技跨学科主题学习中具有重要作用。通过明确教学目标、整合跨学科资源、采用问题导向教学、强化实践教学以及实施个性化教学等策略，教师能够有效促进学生计算思维的发展。未来，随着数字化技术的不断进步和教育理念的不断创新，数字化教学设计能力将成为教师专业素养的重要组成部分，为培养具有创新精神和实践能力的高素质人才提供有力保障。

二、数字化教学实施

在当今教育领域中，数据驱动的教学改进已成为提升教育质量和促进学生个性化发展的关键途径。数据决策力,即基于数据分析和洞察来制定教学策略和决策的能力,对于推动教学创新、优化教学流程、提升教学效果具有重要意义。本节将从数据收集与分析、个性化教学策略制定、教学评估与反馈以及持续改进与创新四个方面,深入阐述数据驱动的教学改进,并结合信息科技跨学科主题学习和学生计算思维发展的具体案例进行说明。

(一) 数据收集与分析:构建全面的数据体系

1. 数据来源的多元化

数据驱动的教学改进首先依赖于全面、准确的数据收集。数据来源应涵盖学生学业成绩、学习行为、学习态度、教师教学效果等多个维度。在信息科技跨学科主题学习中,数据收集可以通过多种途径实现,如在线学习平台的数据记录、学生作业和测试的分析、课堂观察与记录等。

2. 数据分析的深度与广度

数据分析是数据驱动教学的核心环节。通过运用统计学、数据挖掘、机器学习等先进技术,可以对收集到的数据进行深入分析,挖掘隐藏的信息和规律。例如,利用数据分析技术,可以分析学生的学习路径、学习速度、学习成效等,从而识别学生的学习模式和潜在问题。在信息科技跨学科主题学习"智能城市"项目中,教师可以通过在线学习平台收集学生的学习数据,包括学习时长、互动频率、任务完成情况等。随后,利用数据分析工具,教师可以发现某些学生在特定知识点上的掌握情况不佳,或者某些学生更倾向于通过合作学习来解决问题。这些数据分析结果将为后续的教学策略调整提供有力支持。

(二) 个性化教学策略制定:精准施策,因材施教

1. 基于数据的个性化需求分析

通过数据分析,教师可以更准确地了解每位学生的学习需求和特点。在信息科技跨学科主题学习中,由于不同学生对信息技术的掌握程度、学习兴趣和学习风格可能存在较大差异,因此这种个性化需求分析尤为重要。

2. 个性化教学方案的制定与实施

基于个性化需求分析,教师可以为每位学生量身定制教学方案。这些方案可以包括个性化的学习路径设计、学习资源推荐、学习难度调整等。在信息科技跨学科主题学习中,教师可以根据学生的实际情况,为他们提供不同难度的编程任务,推荐适合的学习资源和工具,或者组织小组合作学习等。在"物联网技术"跨学科主题学习中,教师发现某些学生在硬件连接和编程方面基础较为薄弱,而另一些学生则对数据分析和算法设计更感兴趣。针对这一情况,教师为前者提供了更多的基础练习和实操机会,同时为他们推荐了相关的入门教程和视频资源;而对于后者,教师则组织他们参与更复杂的数据分析项目和

算法设计挑战。通过这种个性化的教学策略,学生能够在自己擅长的领域得到更多发展机会,同时也在其他薄弱领域得到适当的支持和引导。

(三)教学评估与反馈:即时反馈,持续改进

1. 教学评估的全面性与及时性

教学评估是检验教学效果、发现问题并寻求改进的重要手段。数据驱动的教学评估强调全面性和及时性。全面性要求评估覆盖教学的各个方面和环节;及时性则要求评估结果能够及时反馈给教师和学生,以便他们及时调整教学策略和学习方法。

2. 基于数据的反馈机制建立

建立基于数据的反馈机制是教学评估的关键环节。教师可以通过数据分析结果,为学生提供个性化的学习反馈和建议。同时,教师也可以根据评估结果反思自己的教学方法和效果,寻求改进的空间和途径。在"智能机器人制作"跨学科主题学习中,教师通过在线学习平台收集了学生的项目制作数据和课堂表现数据。在项目制作过程中,教师利用数据分析工具实时跟踪学生的进度和遇到的问题。当发现某些学生在某个环节遇到瓶颈时,教师会及时为他们提供指导和帮助;同时,教师也会根据学生的项目成果和课堂表现给出具体的反馈和建议。这种即时的反馈机制不仅帮助学生及时纠正错误、提升技能水平,也促使教师不断优化教学策略和方法,提高教学效果。

(四)持续改进与创新:创新驱动,追求卓越

1. 持续改进的教学文化

数据驱动的教学改进要求建立持续改进的教学文化。这种文化强调教师和学生的共同学习和成长,鼓励教师不断探索新的教学方法和手段,同时也要求学生保持对知识的渴望和追求卓越的态度。在信息科技跨学科主题学习中,持续改进的教学文化尤为重要。因为信息技术领域的发展日新月异,教师和学生都需要不断学习与更新自己的知识和技能。

2. 基于数据的创新实践

基于数据的创新实践是持续改进的重要途径。教师可以通过数据分析结果来发现新的教学问题和机会,同时也可以借鉴其他领域的成功案例和经验来创新自己的教学实践。在信息科技跨学科主题学习中,教师可以利用大数据分析、人工智能等先进技术来优化教学流程、提升教学效果,同时也可以尝试将最新的信息技术成果引入教学中来激发学生的学习兴趣和创造力。在"网络安全与防护"跨学科主题学习中,教师利用大数据分析技术对学生的网络安全意识和行为进行了全面评估。通过数据分析结果,教师不仅识别出部分学生在网络安全知识掌握上的薄弱环节,如密码设置复杂度不足、对钓鱼邮件缺乏警惕

性等，还发现了学生在实际操作中频繁出现的错误行为模式。针对这些问题，教师创新性地设计了一系列教学干预措施。

（1）教师引入了虚拟现实（VR）技术，模拟真实的网络攻击场景，让学生在虚拟环境中亲身体验网络威胁的严重性，从而增强他们的安全意识和防范能力。这种沉浸式的学习方式极大地提高了学生的学习兴趣和参与度，使他们在面对实际威胁时能够迅速做出正确的反应。

（2）教师开发了一个基于人工智能的个性化学习系统。该系统能够根据学生的学习进度、掌握情况和兴趣偏好，智能推荐适合的学习资源和练习题。同时，系统还能实时监测学生的学习行为，分析学习过程中的问题和瓶颈，为学生提供个性化的学习反馈和建议。这种智能化的学习方式不仅提高了学习效率，还促进了学生的自主学习和深度思考。

（3）教师还组织了一系列跨学科的合作项目，如与法律、心理学等学科的教师合作，共同探讨网络犯罪的法律责任、网络欺凌的心理影响等议题。这些项目不仅拓宽了学生的知识面和视野，还培养了他们的跨学科思维和团队合作能力。

基于数据的创新实践在"网络安全与防护"跨学科主题学习中发挥了重要作用。它不仅帮助教师精准识别教学问题、优化教学策略，还激发了学生的学习兴趣和创造力，促进了他们的全面发展。这种以数据为驱动、以创新为引领的教学模式，为信息科技跨学科主题学习提供了新的思路和方法，也为未来教育的发展指明了方向。

三、数字化教学评价

在当今教育信息化的大背景下，数字化教学评价已成为提升教学质量、促进学生学习的重要手段。从数据决策力的角度出发，数字化教学评价在信息的收集、分析、应用等方面展现出巨大潜力，为信息科技跨学科主题学习、学生计算思维发展等领域带来了深远影响。本文将从以下五个方面详细阐述数字化教学评价的优势、方法、实践案例、挑战与未来趋势，并结合信息科技跨学科主题学习和学生计算思维发展的具体实例进行说明。

（一）数字化教学评价的定义与优势

数字化教学评价是指利用数字化工具和技术对教学过程和结果进行全面、系统、科学的评估。它通过收集、处理和分析教学过程中的大量数据，为教师提供客观、准确的反馈信息，以指导教学改进和学生发展。

1. 提高评价效率和准确性

数字化教学评价可以自动化处理大量数据，减少人工操作的时间和误差，提高评价效率和准确性。

2. 促进个性化教学

基于数据分析，教师可以针对不同学生的学习需求提供个性化的教学指导和反馈，满足学生的差异化发展需求。

3. 推动教育决策科学化

通过数据分析,教育管理者可以更加科学地制定教育政策、分配教育资源,提高教育决策的科学性和有效性。

(二)数字化教学评价的方法与工具

1. 方法

形成性评价:在教学过程中进行,通过及时反馈调整教学策略,提高教学效果。例如,在信息科技跨学科主题学习中,教师可以通过在线测评系统实时了解学生的掌握情况,及时调整教学内容和方法。

总结性评价:在教学过程结束后进行,对学生的学习成果进行总结性评估。例如,利用数字化评价系统对学生的项目作品进行评分和点评,为下一阶段的学习提供参考。

2. 工具

在线测评系统:如 MOOCs 平台上的在线测试、智能题库等,可以实现自动化评分和数据分析,提高评价效率和准确性。

学习管理系统(LMS):如 Blackboard、Moodle 等,可以跟踪学生的学习进度和表现,提供个性化的学习计划和反馈。

大数据分析平台:如 Hadoop、Spark 等,可以对海量教学数据进行深度挖掘和分析,发现潜在的教学问题和机会。

(三)数字化教学评价的实践案例

案例:信息科技跨学科主题学习中的数字化评价

以"智慧城市"跨学科主题学习为例,某学校通过构建数字化评价系统,实现了对学生跨学科知识掌握情况、问题解决能力、团队协作能力等多维度的评价。系统通过收集学生在项目研究、团队协作、报告撰写等各个环节的数据,利用大数据分析技术,自动生成每个学生的综合评价报告。同时,系统还支持教师、学生、家长等多主体参与评价,形成全方位、多角度的评价体系。这一实践不仅提高了评价的客观性和准确性,还促进了学生跨学科思维的发展和实践能力的提升。

案例:学生计算思维发展中的数字化评价

在计算思维教学中,某中学采用数字化评价系统,针对学生的计算思维品质(如深度、广度、灵活度)和学科属性(如正确理解计算机学科思想方法、形成合理问题解决方案的能力)进行全面评估。系统通过在线编程平台、智能题库等工具,实时记录学生的编程实践、解题过程等数据,利用机器学习算法对学生的计算思维能力进行量化分析。同时,系统还结合教师的主观评价，形成个性化的评价报告，帮助学生了解自己的学习状况并调整学习策略。这一实践有效促进了学生计算思维的发展和创新能力的培养。

（四）数字化教学评价面临的挑战与问题

1. 数据隐私与安全

数字化教学评价涉及大量学生个人信息和敏感数据，如何确保数据的安全性和隐私保护是亟待解决的问题。

2. 评价标准与方法的科学性

目前数字化教学评价的标准和方法尚不完善，如何制定科学合理的评价标准和方法以保证评价的公正性和客观性是一个重要课题。

3. 教师信息技术能力

数字化教学评价要求教师具备一定的信息技术能力，而部分教师在这一方面存在不足，需要加强培训和支持。

（五）数字化教学评价的未来发展趋势

1. 智能化与精准化

随着人工智能和大数据技术的发展，数字化教学评价将更加智能化和精准化。系统能够自动识别学生的学习需求和问题，提供个性化的学习建议和资源推送。

2. 全面性与综合性

未来数字化教学评价将更加注重学生的全面发展和个性化需求，提供更加全面的评价报告和反馈。同时，评价将不再局限于单一学科或领域，而是更加注重跨学科综合能力的评价。

3. 融合与创新

数字化教学评价将与智能化教学更加紧密地结合，实现"教—学—评"一体化。同时，随着新技术的不断涌现和应用场景的不断拓展，数字化教学评价将在更多领域和场景中发挥重要作用。

数字化教学评价作为教育信息化的重要组成部分，正在深刻改变传统的教学模式和评价方式。从数据决策力的角度出发，数字化教学评价在提高评价效率、促进个性化教学、推动教育决策科学化等方面展现出巨大优势。通过实例分析可以看出，在信息科技跨学科主题学习和学生计算思维发展等领域中，数字化教学评价已经取得了显著成效。

第三节 数字伦理与安全

随着信息技术的飞速发展,数字素养已成为21世纪公民不可或缺的基本能力之一。在跨学科主题学习中,数字素养不仅是学生掌握先进技术、解决复杂问题的关键,更是培养他们计算思维、促进全面发展的重要基石。本文将从数字伦理与安全的角度出发,围绕信息科技核心素养之一的计算思维,从四个方面阐述数字素养在跨学科主题学习中的实施能力诉求,并通过具体实例加以说明。

一、数字伦理意识:计算思维的道德指引

(一)尊重隐私与数据保护

在跨学科主题学习中,学生经常需要处理和分析来自不同领域的数据。这些数据往往包含个人隐私信息,如个人身份、行为习惯、健康状况等。因此,培养学生的数字伦理意识,首先要让他们认识到尊重隐私与数据保护的重要性。这不仅是法律的要求,也是计算思维在应用中必须遵循的道德准则。比如,在生物医学工程中,学生利用生物信息学方法分析基因数据以研究疾病。在这个过程中,学生必须严格遵守隐私保护原则,确保患者的基因数据不被泄露或滥用。他们使用加密技术确保数据传输过程中的安全性,同时在数据分析和存储过程中也采取严格的访问控制措施。这种尊重隐私的实践不仅体现了学生的道德责任感,也为计算思维在跨学科研究中的应用提供了清晰的道德指引。

(二)版权与知识产权

跨学科学习鼓励学生借鉴和整合不同学科的知识和方法。然而,在这个过程中,版权和知识产权问题不容忽视。学生需要了解并遵守相关法律法规,尊重他人的知识产权成果,避免侵权行为的发生。比如,在编程开发课程中,学生可能需要借鉴开源数据库中的代码片段来完成项目。这时,他们必须明确这些代码片段的版权归属和许可协议,确保自己的使用行为合法合规。同时,他们也需要学会在项目中注明引用来源和作者信息,以尊重他人的劳动成果。这种尊重版权和知识产权的实践不仅培养了学生的法律意识,也为他们在应用计算思维过程中正确处理知识产权问题提供了有益的经验。

二、数字安全技能:计算思维的实践保障

(一)数据加密与防护

在跨学科主题学习中,学生处理的数据往往包含敏感信息。为了确保数据的安全性,学生需要掌握数据加密与防护技能。这包括了解各种加密算法的原理和应用场景、掌握加密工具的使用方法以及制定数据防护策略等。比如,在大模型课程中,学生需要模拟构

建一个在线购物平台。为了确保用户信息的安全性,他们采用了 SSL/TLS 协议对数据进行加密传输,并设置了防火墙和入侵检测系统来防止外部攻击。同时,他们还制订了详细的数据备份和恢复计划以应对数据丢失或损坏的风险。这种数据加密与防护的实践不仅保障了用户信息的安全性,也提升了学生在应用计算思维过程中关注数据安全的能力。

(二)网络攻击与防御

随着网络技术的不断发展,网络攻击手段日益复杂多样。跨学科学习应帮助学生了解常见的网络攻击方式并学会采取相应的防御措施。这包括了解黑客攻击的原理和方法、掌握网络安全设备的配置和使用方法,以及制订应急响应计划等。比如,在网络安全课程中,学生通过模拟黑客攻击与防御的实践活动学习网络安全知识。他们首先了解了常见的网络攻击手段,如钓鱼攻击、恶意软件等,然后学习了如何配置防火墙、入侵检测系统等安全设备来防范这些攻击。此外他们还学习了如何制订应急响应计划,以便在遭受攻击时能够迅速恢复系统。这种网络攻击与防御的实践不仅提升了学生的安全技能,还培养了他们在应用计算思维过程中进行风险评估与制定应对策略的能力。

三、计算思维与跨学科融合:数字素养的实践高地

(一)抽象与建模

跨学科主题学习往往涉及复杂的问题情境和多样化的数据来源。学生需要运用计算思维中的抽象与建模能力,将复杂问题简化为可计算的模型。这种能力不仅有助于解决具体问题,还促进了不同学科之间的交流与融合。比如,在环境科学研究中,学生利用大数据分析技术监测城市空气质量。他们首先收集了来自多个监测站点的空气质量数据,然后运用计算思维对数据进行抽象化处理,提取关键特征并构建空气质量预测模型。通过算法优化和模型验证,他们最终得出了准确的空气质量预测结果。这种抽象与建模的实践不仅帮助学生理解了空气质量变化的复杂性,也锻炼了他们的计算思维能力和跨学科问题解决能力。

(二)算法设计与优化

在跨学科主题学习中,算法设计是计算思维的核心应用之一。学生需要根据问题的特点和需求设计合适的算法,并通过优化来提高算法的性能和效率。这包括选择合适的算法结构、调整算法参数以及引入新的算法组件等。比如,在智能交通系统中,学生需要设计一种算法来优化交通信号灯的控制策略,以减少交通拥堵和等待时间。他们首先分析了交通流量的特点和规律,然后设计了基于遗传算法的交通信号灯控制策略。通过多次迭代和优化,他们成功地提高了交通信号灯的控制效率,减少了交通拥堵和等待时间。

案例(一):慧说校园

项目名称	慧说校园	年级	七年级
课时安排	5周/10课时	项目教师	
驱动性问题	在智慧校园背景下,如何让校园场景或物件"开口说话",方便来访者和学生了解更丰富的信息?		

热身项目:制作一份特别的贺卡

【引入】

赠送贺卡是节日里人们表达祝福的一种常见方式。贺卡的种类有很多:纸质贺卡能传达文字或图片信息,电子贺卡能传达包括文字、图片、音频、视频在内的多媒体信息,二者各有千秋。今天我们来制作一份会说话的贺卡。大家想想看,我们可以怎样来实现呢?

【材料清单】

材料	数量	材料	数量	材料	数量
华为PAD	每组2个	手机(安装微信,有微信号)	每组1个	彩色A4纸	每组2张
打印机	全班1台	白色A4纸	共10张	固体胶	每组2支
剪刀	每组2把	彩笔	每组2盒		

【制作步骤】

1. 明确节日名称和赠送贺卡的对象。

2. 使用彩色A4纸、固体胶、剪刀等制作一张有创意的贺卡。

3. 使用PAD拍摄一段1分钟左右的祝福短视频。

4. 使用PAD和网络,搜索"草料二维码",用微信登录后上传视频,生成该视频的二维码。

5. 使用个人微信扫描二维码,测试效果。

6. 使用个人微信组建项目群,将视频二维码发送到群内,由老师打印出来。

7. 剪裁二维码并粘贴到纸质贺卡的恰当位置上。

【成功标准】

1. 作品质量

(1) 贺卡外形设计有创意;

(2) 贺卡文字、图形内容、视频内容符合节日特点和被祝福人身份;

(3) 祝福视频通过二维码呈现。

2.学习品质

(1) 掌握视频二维码的制作方法；

(2) 积极参与,团队合作；

(3) 认真倾听,有效沟通。

【小组分工】

岗位	姓名	岗位	姓名
纸质贺卡设计师		祝福视频摄像师	
纸质贺卡制作师		祝福人	
二维码制作师		项目负责人	

【项目实施注意事项】

1.主要设备保证:保证每组有一部能使用微信的手机;保证PAD上网正常;保证现场有一台打印机。

2.利用项目成果标准,引导学生小组有效开展活动。

3.及时反馈学生小组的表现,给予学生小组恰当的帮助,让每一个小组顺利完成项目。

【项目小结】

1.强调基于用户需求开展项目设计和实施。

2.强调个人的创造性参与对集体成果的重要作用。

3.强调小组合作对提升作品质量和学习品质的重要作用。

入项活动:会说话的校园

【问题情境】

每年,我们学校都会迎来新的主人和来宾。有新同学,也有新同学的家长们;有新老师,也有来自市内外的参访嘉宾们。他们渴望了解我们的学校、我们的课堂:大到办学理念、课程特色、学校活动,小到校园里一个特色景观、一件新奇的工具、一种不怎么常见的植物。当然,即使是多年"东校人"的我们,也可能有着同样的渴望。校园文化项目牵头人康逸红老师、学校图书馆馆长顾慧萍老师、学校智能生态园负责人陶菁老师、学校创新实验室管理员乔丹璇老师等很多负责学校某个项目的老师们都有着一个共同的愿望:如果学校里的每一处场所、每一株植物、每一尊雕塑、每一个物件都能够开口说话那有多好！进入校园的人们可以随时随地地聆听它们的声音,获取有用的信息,促进自己的学习,增进对学校的热爱。

【提出问题】

如何设计并制作一个用第一人称介绍特定场景/物件的视频素材,并以二维码的形式发布?

【成功标准】

从作品质量和学习品质两个方面明确成功标准。项目成果包括:调研报告、视频文案、相关音频、相关视频、相关二维码和发布会 PPT。学习品质包括:熟悉主要软件(问卷星、形色、讯飞有声、剪映、草料二维码等)使用方法,了解语音识别、语音合成、机器学习、二维码等概念和原理,形成合作、参与、倾听、沟通等基本技能。具体成功标准见评价量表。

【项目进程】

时间	项目内容	项目评价点	项目成果	学习支架
第一周	入项活动	• 学会视频二维码制作 • 问题分解 • 团队合作	多媒体纸质贺卡	材料清单、小组分工表、制作步骤、项目评价量表
第二周	前期调研:校园访客最关心的是什么内容?场景/物件的管理者希望呈现什么内容?	• 调查方法的运用 • 信息搜索能力 • 信息筛选和整合能力 • 交流沟通能力	调查问卷、访谈提纲、调查报告	问卷样例、提纲样例、调查表格样例、调查报告样例
第三周	文案撰写:如何用有限的字数生动形象、浅显易懂地介绍某个校园场景或物件? 音频制作:如何让机器有自己的声音并用这个声音来朗读文案?	• 正确理解文案中的内容 • 了解人工智能语音识别、图像识别、机器学习的基本原理 • "讯飞有声"声音复刻并生成音频文件 • 团队合作能力 • 交流沟通能力	视频文案、个性化音频文件	文案样例、关于机器学习的微视频、关于"讯飞有声" App 使用方法的微视频

续表

时间	项目内容	项目评价点	项目成果	学习支架
第四周	视频制作：如何使用免费的视频编辑软件制作高质量的短视频？ 二维码制作：如何使用草料二维码生成器制作包括文字、图片、视频和反馈表单的二维码？	• 初步学会使用剪映、VN 编辑简单的视频 • 初步学会使用草料二维码生成器制作比较高级的二维码 • 了解二维码的基本结构、原理和应用场景 • 团队合作能力 • 交流沟通能力	视频文件、"会说话的校园"二维码电子稿	关于"剪映"App 使用方法的微视频、关于"草料二维码生成器"使用方法的微视频、关于二维码结构和原理的微视频
第五周	项目发布：如何有效地用 PPT 展示自己的项目开发过程？如何让项目发布会受到好评？	• 团队合作能力 • 展示交流能力	项目发布会 PPT、"会说话的校园"二维码实物稿	项目发布流程

【项目准备】

1. 在手机或 PAD 上下载讯飞有声、剪映等 App，初步尝试其使用方法。
2. 小组初步讨论要选择的校园场景或物件。

项目反思与评价

从"慧说校园"项目设计来看，其在发展学生计算思维和跨学科主题学习方面展现出了显著的特点与价值。

在计算思维培养方面，该项目通过引导学生从实际问题出发——让校园场景或物件"开口说话"，进而分解问题、设计解决方案，并动手制作视频二维码等，这一系列过程恰好符合计算思维的核心要素。学生在制作过程中，需要运用逻辑思维，将复杂的问题拆解为可操作的步骤，如明确节日名称和赠送对象、制作贺卡、拍摄祝福视频、生成二维码等，这些都是计算思维中问题解决策略的具体体现。同时，学生还需要利用讯飞有声、剪映等 App 进行音频制作和视频编辑，这进一步锻炼了他们的算法思维和数字化工具运用能力。

在跨学科主题学习方面，"慧说校园"项目融合了信息技术、美术设计、语言表达等多个学科的知识与技能。学生不仅需要掌握信息技术的基本操作，还需要具备一定的美学素养和语言表达能力,才能制作出既美观又实用的"会说话"的贺卡和视频。这种跨学科的学习方式,有助于打破学科壁垒,促进学生的全面发展。此外,项目还涉及语音识别、语音合成、机器学习等前沿科技概念,为学生提供了接触和了解科技前沿的机会,激发了他们的学习兴趣和探索欲望。

综上所述,"慧说校园"项目在培养学生计算思维和跨学科主题学习方面取得了良好的效果,值得在更多教育场景中推广和应用。

本章小结

本章深入探讨了数据决策力在跨学科主题学习中的重要性和实践应用。数据决策力是数字化时代的核心能力,对提升决策质量、优化资源配置、促进创新、增强竞争力和培养综合素养至关重要。在教育领域,它帮助学生整合多学科知识,通过数据分析精确理解问题并制定解决方案。

数据收集与分析构成数据决策力的基础,涉及明确数据需求、采用高效收集方法和应用数据分析技能与工具,确保数据的全面性和准确性,为决策提供支持。数据驱动的决策制定通过教学评估和个性化学习路径设计,改善教学方法和提高学习成效。持续反馈与迭代优化则确保决策执行效果的监测和策略调整,形成闭环优化机制。数字伦理与安全的教育意义也不容忽视,包括培养尊重隐私、保护数据和版权意识,以及掌握数据加密和网络防御技能,为计算思维的实践提供道德和安全保障。

因此,数据决策力不仅提升了学生的数字素养,也为教育领域带来创新的教学和评估模式,其作用将随着技术进步和数据资源的丰富而日益增强。

本章回顾与思考

1. 数字化意识如何影响教师的教学实践?
2. 教师应如何提升自身的智能技术知识与技能?
3. 在数字化教学设计中,教师如何整合跨学科资源?
4. 教师如何利用数字工具进行有效的学生学业评价?
5. 教师在数字社会责任方面应承担哪些职责?

第四章

实践方略
——信息科技跨学科主题学习的设计与实践

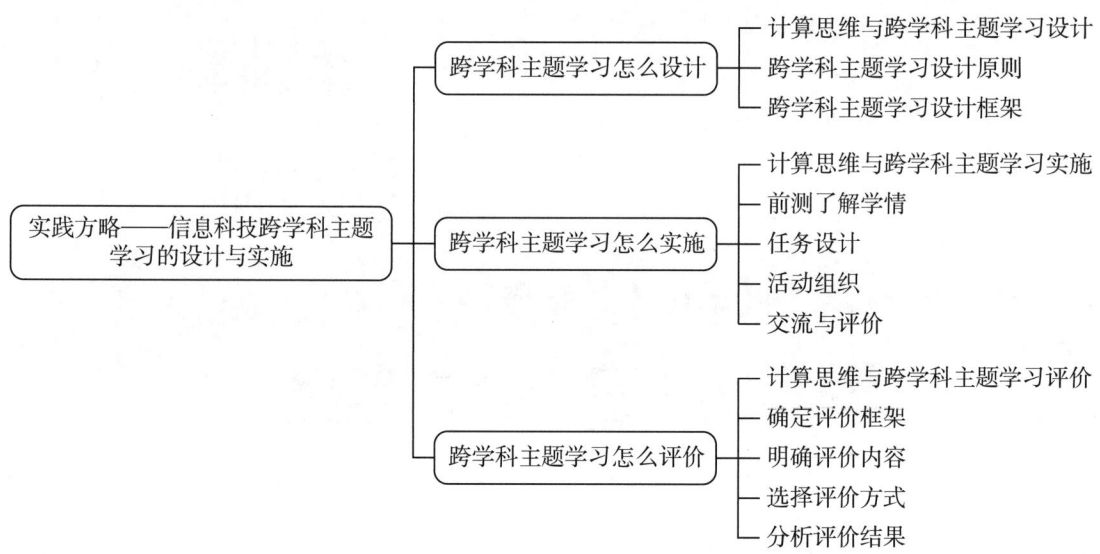

第一节 跨学科主题学习怎么设计

信息科技跨学科主题学习的设计与实施中,关键在于将复杂问题拆解(分治思想)、识别模式、抽象化并设计解决方案。设计跨学科主题时,需明确真实情境下的学习主题和目标,整合多学科知识,通过将问题分解降低问题复杂性。实施中,运用模式识别发现共性问题,设计解决方案,抽象化提炼核心问题。策略上,鼓励学生合作创新,利用 AI 等新技术工具和资源,通过问题链引导学习,培养问题解决能力,从而发展计算思维。

一、计算思维与跨学科主题学习设计

计算思维,作为一种将计算机科学的基础概念应用于问题解决、系统设计和人类行为理解中的思维方式,近年来在教育领域受到了广泛关注。跨学科主题学习设计,则强调通过整合不同学科的知识和方法,促进学生的综合思维和创新能力提高。这两者的结合,为教育创新提供了新的路径。

(一)理论基础的融合

计算思维的核心在于问题分解、模式识别、抽象化、算法设计和评估反馈等过程,这些过程为跨学科主题学习设计提供了坚实的理论基础。跨学科主题学习设计通过整合不同学科的知识体系,为计算思维的发展提供了丰富的场景和案例。两者在理论层面的融合,使得学生在解决复杂问题时能够综合运用多个学科的知识和方法,从而深化对问题的理解和解决能力。

(二)教学方法的互补

跨学科主题学习设计强调通过探索共同的主题和问题,促进学生的综合思考和综合能力的提升。这种教学方法与计算思维强调的问题解决策略不谋而合。在计算思维指导下,跨学科主题学习设计可以更加系统地引导学生分析问题、设计解决方案并实施验证。同时,跨学科的学习内容也为计算思维提供了多样化的应用场景,使得学生在实践中不断巩固和提升计算思维能力。

(三)培养综合素养的桥梁

计算思维与跨学科主题学习设计的结合,为学生综合素养的提升搭建了桥梁。跨学科学习要求学生具备跨学科的知识和能力,而计算思维则提供了有效的思维工具和方法。通过跨学科主题学习设计,学生可以在解决真实问题的过程中,综合运用计算思维和其他学科知识,从而培养出创新思维、独立思考和解决问题的能力。这些能力不仅是未来社会所需的核心素养,也是学生个人成长和发展的重要基石。

（四）计算思维在跨学科主题学习设计中的作用与价值

计算思维在跨学科主题学习设计中发挥着至关重要的作用与价值。它不仅帮助学生将复杂问题分解为可操作的部分，还促进了抽象、建模、算法设计和评估等关键能力的提升。这种思维方式使学生能够更加高效地解决问题，同时培养了他们的逻辑思维能力、创新能力和跨学科学习能力。

1. 引导问题解决

计算思维提供了系统的问题解决框架，帮助学生在跨学科学习中更好地分解问题、识别关键要素并设计解决方案。

2. 促进知识整合

跨学科主题学习设计要求学生将不同学科的知识和方法进行整合应用，而计算思维则提供了整合这些知识的有效工具和方法。

3. 提升创新能力

计算思维鼓励学生通过算法设计、模拟实验等方式进行创造性思考，从而激发学生的创新潜能和创造力。

4. 增强批判性思维

在计算思维的指导下，学生需要不断评估和优化解决方案，这一过程有助于培养他们的批判性思维和反思能力。

（五）跨学科主题学习发展计算思维

计算思维与跨学科主题学习设计之间存在着紧密的联系和相互作用。两者的结合不仅有助于提升学生的综合素养和创新能力，还能够促进教育教学的创新和发展。在未来的教育实践中，我们应该继续探索和完善这一教学模式，为培养更多具有创新精神和综合能力的人才做出积极贡献。那么如何将跨学科主题教学与计算思维相结合，从计算思维特征、真实性情境、计算思维培养等方面形成计算思维与跨学科主题教学中的理论基础？如何构建指向计算思维培养的跨学科主题教学设计，并将跨学科主题教学落到实处？指向计算思维培养的跨学科主题教学设计能否促进学生的计算思维水平？[①]

信息科技跨学科主题学习，通过将信息技术与其他学科知识相结合，为学生提供了一个全面而深入的技术与工具。这种学习方式在问题分解、抽象、建模、算法设计和评估等五个方面，对学生的计算思维发展具有显著的促进作用。

1. 问题分解

在信息科技跨学科主题学习中，学生面对的问题往往复杂且多维，需要他们具备将大

---

① 廖艺东.指向计算思维培养的跨学科主题教学设计与实施：以初中信息课程为例[D].上海：华东师范大学，2023.

问题分解为小问题,逐步解决的能力。例如,在开发一个智能医疗助手的项目中,学生需要分解问题为需求分析、功能设计、数据库构建、界面开发等多个子任务。这种分解问题的能力不仅有助于他们更好地理解问题的本质,还能培养他们条理清晰、逻辑严密的思维方式。通过不断的实践,学生能够逐渐掌握将复杂问题简化为可管理部分的方法,这对于计算思维的发展至关重要。

2. 抽象

抽象是计算思维的核心之一,它要求学生从具体的问题中提炼出本质特征,忽略非关键细节。在信息科技跨学科主题学习中,学生经常需要处理大量的数据和复杂的系统,这时抽象能力就显得尤为重要。例如,在编程过程中,学生需要将现实世界的问题抽象为数据结构和算法,以便用计算机语言进行描述和解决。通过不断练习,学生能够逐渐提高抽象思维水平,学会从复杂的信息中抓住关键点,为解决问题提供清晰的思路。

3. 建模

建模是将抽象的概念或问题转化为具体模型的过程,它有助于学生更直观地理解和解决问题。在信息科技跨学科主题学习中,建模能力尤为重要。例如,在开发一个推荐系统时,学生需要建立用户行为模型、物品特征模型等,以便进行精准推荐。通过建模,学生能够更深入地理解问题的本质,找到解决问题的有效方法。同时,建模过程还能锻炼学生的创新思维和实践能力,使他们在面对新问题时能够迅速找到解决方案。

4. 算法设计

算法设计是计算思维的重要组成部分,它涉及如何制定一系列步骤来解决问题。在信息科技跨学科主题学习中,学生需要设计各种算法来实现特定的功能。例如,在开发一个图像处理软件时,学生需要设计图像识别、目标检测等算法。通过算法设计,学生能够更深入地理解计算机程序的运行原理,掌握编程的基本技能。同时,算法设计还能培养学生的逻辑思维和推理能力,使他们在面对复杂问题时能够迅速找到解决方案。

5. 评估

评估是信息科技跨学科主题学习中不可或缺的一环,它涉及对问题解决过程和结果的反思和评价。在评估过程中,学生需要回顾自己的解题步骤,分析其中的优点和不足,并提出改进建议。这种评估能力不仅有助于学生加深对问题的理解,还能提高他们的自我反思能力和批判性思维能力。通过评估,学生能够更清晰地认识到自己的计算思维水平,找到提升的空间。同时,评估还能促进同学之间的交流和学习,使他们从彼此的经验中吸取教训,共同进步。

二、跨学科主题学习设计原则

跨学科主题学习设计原则旨在通过整合不同学科的知识、技能和方法,引导学生解决真实世界中的复杂问题,促进学生素养的提升。以下从五个关键方面阐述跨学科主题学习设计的原则。

1. 中心主题的选择与关联性

跨学科主题学习首先需要一个具有吸引力和探索价值的中心主题,该主题应能自然地将多个学科领域的知识联系起来,激发学生的兴趣和好奇心。

比如,信息科技学科中以"智慧城市"为主题,该主题不仅涉及信息技术(如物联网、大数据分析、云计算等),还涵盖地理学(城市规划)、生态学(环境保护)、社会学(社区参与)、经济学(成本效益分析)等多个学科。学生需探究如何利用信息技术优化城市管理,提升居民生活质量,同时考虑环境可持续性和社会公平性。

2. 知识整合与深度理解

跨学科学习要求学生在理解各学科基础知识的基础上,能够跨越学科界限,进行知识的整合与重构,形成对复杂问题的全面认识。

比如,在"智慧城市"项目中,学生需要学习信息技术的基础知识,如数据收集与处理、智能算法设计等;同时,结合城市规划理论,理解城市布局、交通流线对居民生活的影响;再融入社会学视角,探讨技术如何促进社会包容性,避免数字鸿沟。这种整合学习方式帮助学生从多维度理解智慧城市建设的复杂性和挑战性。

3. 真实情境的问题解决

跨学科学习应设计基于真实世界情境的问题或任务,让学生在解决实际问题的过程中学习和应用知识。

比如,在信息科技学科中围绕"智慧城市"主题,可以设计一项任务,如"设计并模拟一个减少城市交通拥堵的智能交通系统"。学生需收集城市交通数据,运用大数据分析技术识别拥堵热点,结合物联网技术设计智能信号灯系统或推荐路线算法,最后通过模拟软件验证其效果。这一过程不仅考验了学生的技术能力,还锻炼了他们的批判性思维、创新思维和团队协作能力。

4. 学生主体性与自主学习

跨学科学习强调学生的主体地位,鼓励学生自主探究、合作学习,培养其自主学习能力和终身学习的意识。

比如,在信息科技学科"智慧城市"项目中,教师可以引导学生组成跨学科小组,自主选择研究子课题(如智慧医疗、智慧教育等),制订研究计划,搜集资料,设计解决方案,并在过程中进行反思和调整。教师则扮演指导者和促进者的角色,提供必要的资源和支持,鼓励学生主动探索和学习。

5. 评价与反馈的多元化

跨学科学习应采用多元化的评价方式,不仅关注学习成果,也重视学习过程、团队合作、创新思维等多方面的表现,同时提供及时、具体的反馈。

比如,在信息科技学科"智慧城市"项目中,评价可以包括项目报告、演示文稿、模拟测试结果等成果展示,同时结合同伴评价、自我评价和教师评价,从创意性、技术实现、团队合作、问题解决能力等多个维度进行综合评价。此外,教师应及时给予学生具体、建设性的反馈,帮助他们认识到自己的长处与不足,明确改进方向。

跨学科主题学习设计原则通过精心选择中心主题、促进知识整合、设计真实问题解决任务、强调学生主体性和采用多元化评价,为信息科技学科乃至其他学科的融合教学提供了有效框架,有助于培养学生的综合素养和创新能力。

三、跨学科主题学习设计框架

跨学科主题学习框架设计旨在融合多学科知识,围绕特定主题构建综合学习体系。通过选取具有启发性和实践性的主题,引导学生运用不同学科的理论与方法进行探索,促进知识整合、思维拓展与创新能力培养,实现全面发展。

(一)跨学科主题学习的主题确立

跨学科主题学习的主题确立需考虑其综合性、时代性与学生兴趣,选择能够连接多个学科领域、反映社会热点或未来趋势、激发学生探究欲望的议题,以促进知识的交叉融合与创新应用。

1. 符合课程标准要求

跨学科主题学习的主题确立,是确保教学活动既丰富多元又符合课程标准要求的关键环节。在此过程中,需深入研读并准确把握课程标准对各学科的核心素养、知识要点及能力要求,以此为基础精心挑选或设计主题。主题应具备高度的综合性,能够自然衔接并融合多个学科领域的知识与技能,促进学生跨学科思维的形成与发展。主题的选择还需紧跟时代步伐,反映社会热点、科技进步或文化传承等现实问题,确保学习内容与社会实际紧密相连,增强学生的社会责任感和使命感。此外,考虑到学生的年龄特征、认知水平和兴趣点,主题应富有吸引力,能够激发学生的好奇心和探索欲,促使他们主动参与到学习活动中来。同时,跨学科主题学习的主题确立是一个既严谨又富有创造性的过程,它要求教育者既要遵循课程标准,又要勇于创新实践,以高质量的主题引领学生走向全面发展的学习之旅。

2. 来源于学生生活

跨学科主题学习的主题确立,应深深植根于初中学生的日常生活,从他们熟悉的环境、经历与兴趣中汲取灵感。这样的主题设计不仅能拉近学生与学习的距离,还能激发他们强烈的探索欲和共鸣感。通过围绕学生日常生活中的实际问题、社会现象或文化体验展开跨学科探究,如"校园垃圾分类的环保解决方案""校园特色传统文化的传承与创新"等,引导学生在解决实际问题的过程中,综合运用数学、科学、语文、历史等多学科知识,培养其问题解决能力和实践创新能力。同时,这样的主题学习也有助于增强学生对社会、对自然的责任感,促进其全面发展。

3. 贴近学生认知

跨学科主题学习的主题确立,应紧密贴合初中学生的认知水平与兴趣点,构建既具深度又具广度的学习桥梁。主题设计需捕捉学生日常生活中的兴趣焦点,如"智能生活与未来科技""环保行动与可持续发展"等,这些主题既能引发学生的好奇心,又能引导他们深入思考背后的科学原理、社会影响及人文价值。通过这样的跨学科探索,学生能够在解决实际问题的过程中,自然而然地跨越学科界限,实现知识的融会贯通,促进其核心素养的全面提升。

4. 有现实价值

跨学科主题学习的主题确立,应具有深刻的现实价值,旨在培养学生的社会责任感和问题解决能力。主题设计需紧密关联当前社会热点、环境挑战或未来发展趋势,如"智慧城市中的数据安全与隐私保护""可再生能源的开发与利用"等。这些主题不仅引导学生关注现实世界的复杂问题,还促使他们运用多学科知识,探索可行的解决方案。通过这样的学习,学生不仅能深化对知识的理解和应用,更能培养出面对未来挑战所必需的创新精神和实践能力。

5. 能促进不同学科之间的融合

跨学科主题学习的主题确立,其精髓在于构建一座桥梁,促进不同学科之间的深度融合与相互启迪。主题的选择需精心策划,确保它能够自然地成为多个学科交汇的焦点,如"健康饮食与营养科学"这一主题,便融合了生物学(营养成分的理解)、化学(食物成分的反应)、数学(食物摄入量的计算)、社会学(饮食习惯与文化背景)以及信息技术(健康饮食App的开发)等多个领域。

在这样的主题下,学生不再局限于单一学科的视角,而是学会从多角度、多维度去审视问题,运用多学科的知识与方法进行综合分析。他们可能会通过实验探究食物的营养成分,运用数学模型计算合理的饮食搭配,或是通过问卷调查了解不同人群的饮食习惯,甚至利用编程技术开发健康饮食应用。这样的学习过程,不仅促进了学生知识的整合与拓展,更培养了他们的跨学科思维能力和创新能力。

6. 恰当的开放性

跨学科主题学习的主题确立,应秉持恰当的开放性原则,鼓励学生跳出传统框架,勇于探索未知领域。主题设计不宜过于局限,而应留有足够的空间供学生发挥想象、提出问题并寻求答案。例如,"未来城市的规划与建设"这一主题,不仅涉及地理、建筑、城市规划等显性学科,还隐含了环保、社会、经济、文化等多方面的考量。学生可以在此框架下,自由组合感兴趣的小课题,如"绿色建筑的节能设计""智慧城市中的交通管理"等,通过跨学科的研究与实践,培养创新思维与解决问题的能力。

7. 要符合跨学科的学科规律

跨学科主题学习的主题确立,需深刻把握并遵循跨学科的学科规律,确保学习活动的科学性与有效性。这要求在选择主题时,既要考虑各学科的核心概念、基本原理及相互关联,又要关注不同学科在解决实际问题中的独特贡献与协同作用。主题设计应能够促进学科间的有机融合,而非简单堆砌。例如,"气候变化与全球应对"这一主题,就融合了地理学中的气候变化知识、生物学中的生态系统影响、经济学中的成本效益分析以及政治学中的国际合作机制等多学科视角。通过这样的主题学习,学生能够深刻理解气候变化的复杂性和紧迫性,同时掌握多学科分析问题的工具与方法,为应对全球性气候挑战贡献自己的力量。

案例(二):智能生态园

主题或项目名称	智能生态园
学科领域(在□内打√ 表示主属学科,打 + 表示相关学科)	
□思想品德　□语文　□数学　□体育 □音乐　□美术　□外语　□物理 □化学　□生物　□历史　□地理 □信息技术　□劳动与技术　□科学　□社会实践 □社区服务　□其他(请列出):	
适用年级	七、八年级
所需时间	4课时
主题学习概述(对主题内容进行简要的概述,并可附上相应的思维导图)	

续表

主题或项目名称	智能生态园

1. 项目目标：通过跨学科合作，设计并实现一个智能生态园，集成环境监测、数据收集、自动化控制和物联网技术。
2. 项目意义：改善校园生态园现状，提高校园自动化水平，促进智慧校园的建设。
3. 学习目标：
技术技能：掌握行空板编程、传感器应用、物联网 MQTT 协议进行数据传输等技术。
科学知识：了解植物生长环境需求，学习环境科学基础知识。
创新能力：培养解决实际问题的创新思维和实践能力。
团队合作：通过小组合作，提升沟通协调能力和团队协作能力。
4. 课程结构：分为四课时
(1) 启航篇——智启生态梦：项目介绍、行空板基础、初步确定项目设计方案。
(2) 感知篇——数据绘彩虹：常见传感器使用方式、物联网 MQTT 协议进行数据传输。
(3) 控制篇——智控育新芽：常见执行器使用方式、编程实现自动化控制。
(4) 展示篇——成果展未来：完善项目书，进行成果展示与评估。

主题学习目标（描述该学习所要达到的主要目标）

1. 技术技能
(1) 编程能力：学习基础的编程知识，掌握使用行空板进行编程的技能。
(2) 硬件操作：熟悉行空板和其他常见硬件（如温湿度传感器、继电器等）的基本操作和应用。
(3) 物联网应用：理解物联网的基本概念，学习如何使用 MQTT 协议进行数据传输和与 SIoT 平台的交互。
2. 科学知识
(1) 环境科学：了解植物生长的基本环境需求，包括土壤湿度、空气温湿度、光照等。
(2) 生态学原理：掌握生态平衡和可持续发展的基本概念，理解智能生态园在环境保护中的作用。
3. 创新能力
(1) 问题解决：培养面对实际问题时的创新思维和问题解决能力，如何优化植物生长环境。
(2) 系统设计：学习如何设计和实现一个完整的智能控制系统，包括环境监测和自动化控制。
4. 团队合作
(1) 沟通协调：在团队项目中提升沟通和协调能力，学会表达自己的想法并倾听他人的意见。
(2) 协作实践：通过小组合作完成项目任务，体验团队合作在解决复杂问题中的重要性。
5. 项目管理
时间管理：学习如何规划项目进度，合理分配时间以确保项目按时完成。
6. 成果展示
(1) 表达能力：提升将项目成果以报告、展示或演讲的形式呈现给他人时的表达能力。
(2) 反馈接受：学习如何接受和处理来自同学或教师的反馈，用于项目的改进和优化。

续表

主题或项目名称		智能生态园
主题单元问题设计		专题1：启航篇——智启生态梦 （1）学校生态园目前存在哪些具体问题？（如植物生长状况、灌溉系统效率、病虫害情况等） （2）如何科学评估生态园的土壤质量、光照条件和温湿度？ （3）学校生态园的灌溉系统怎么样？是否存在水资源浪费现象？如何改进？ （4）学校师生和社区成员对生态园的使用体验和改进建议有哪些？ 专题2：感知篇——数据绘彩虹 （1）哪些传感器适合用于监测生态园的土壤湿度和温湿度？ （2）如何利用物联网技术实现生态园环境数据的实时监控和远程管理？ （3）如何设计一个简洁明了的界面，让师生能够轻松获取生态园的环境数据？ 专题3：控制篇——智控育新芽 （1）如何设计一个基于土壤湿度数据的智能灌溉系统？ （2）如何利用自动化技术调节生态园内的温度和湿度，以适应不同植物的生长需求？ 专题4：展示篇——成果展未来 基于项目评估结果，如何制订未来的改进计划和维护策略？
专题划分（学习活动过程）		专题1：启航篇——智启生态梦
		专题2：感知篇——数据绘彩虹
		专题3：控制篇——智控育新芽
		专题4：展示篇——成果展未来
		……
活动专题1		专题1：启航篇——智启生态梦
所需课时		2课时

活动专题1概述（对专题内容进行简要的概述，并可附上相应的思维导图）

本专题旨在通过项目介绍、行空板基础教学和初步生态园设计方案的确定，激发学生对智能生态园项目的好奇心和创造力。

（1）项目介绍：通过播放视频的方式，向学生详细介绍智能生态园的概念、目的和预期成果。结合学校现状讨论智能生态园如何帮助解决环境问题，提高植物生长效率。

（2）行空板基础：学生将学习如何使用行空板，包括 Mind+图形化编程和简单的电路连接。通过动手实践，学生将学会如何在行空板上显示文字图片、控制 LED 灯亮等基础操作。

（3）初步设计方案：学生分组讨论并初步确定他们的项目设计方案。这包括预估的功能、需要的材料、相应准备工作等，学生需要合理分配时间并尝试自主学习与探究。

本专题学习成果（描述该学习所要达到的主要成果）

续表

主题或项目名称	智能生态园
对应课标(本专题所达到的课程标准)	（1）知识与技能：学生将能够理解智能生态园的核心概念，掌握行空板的基本使用方法，并能够进行简单的编程和硬件操作。 （2）设计方案：每个小组将提交一个初步的智能生态园设计方案，包括前期准备、时间规划、预期的效果等。 （1）信息意识：学生能够理解智能生态园项目的意义，认识到信息科技在实际生活中的应用价值。 （2）计算思维：学生能够使用行空板进行基础编程，理解编程的基本逻辑并能够通过引脚操作完成简单任务。 （3）数字化学习与创新：学生能够利用所学知识，初步设计项目方案。 （4）信息社会责任：学生能够在项目设计中考虑环境保护和可持续发展的社会责任。
本专题的问题设计	（1）学校生态园目前存在哪些具体问题？（如植物生长状况、灌溉系统效率、病虫害情况等） （2）如何科学评估生态园的土壤质量、光照条件和温湿度？ （3）学校生态园的灌溉系统怎么样？是否存在水资源浪费现象？如何改进？ （4）学校师生和社区成员对生态园的使用体验和改进建议有哪些？
所需教学材料和资源(在此列出学习过程中所需的各种支持资源)	
信息化资源	Mind+、智能生态园介绍视频、行空板
常规资源	项目计划书
教学支撑环境	创新实验室
其他	
学习活动设计(针对该专题所选择的活动形式及过程)	活动1：观看关于智能生态园的短片，讨论其在现代生活中的应用。确定分组以及相应团队角色。 活动2：介绍行空板的基本功能以及操作方式。尝试编写程序展示文字图片，并控制LED灯开关。 活动3：初步确定智能生态园的项目设计方案。确定项目资源和工具、时间规划、绘制生态园草图以及相应功能等。 活动4：初步设计方案展示。展示分享各团队的设计方案，小组间进行评价与改进。

续表

主题或项目名称	智能生态园
学习评价	参与度评估：观察并记录学生在团队讨论和活动中的参与情况，评估他们的合作精神和参与热情。 团队合作评价：评估学生在团队中的沟通协调能力以及对团队目标的贡献。 基础编程任务：评价学生完成的行空板编程作品，重点在于代码的正确性、逻辑性和创新性。 设计方案草图：评估学生团队提交的初步设计方案草图，关注其完整性、创新性和实用性。 自我评价：鼓励学生进行自我评价，反思自己在项目中的表现和学习收获。 组间评价：学生评价其他团队的设计方案，培养批判性思维。
活动专题2	专题2：感知篇——数据绘彩虹
所需课时	2课时
活动专题2概述(对专题内容进行简要的概述，并可附上相应的思维导图)	
将深入探索智能生态园项目中的环境监测和数据收集环节。通过学习常见传感器的使用方法和物联网MQTT协议的数据传输技术，使学生能够理解和应用物联网技术来收集和分析生态园环境数据。 技术理解：学生将学习如何使用各种环境传感器(如土壤湿度传感器、温湿度传感器等)来监测生态园的关键环境参数。 数据收集：学生将掌握如何通过传感器收集数据，并理解数据在智能生态园管理中的重要性。 物联网应用：学生将学习物联网MQTT协议的基本原理，并实践如何将传感器数据通过网络传输到云端平台。 数据分析：学生将分析收集到的数据，了解数据如何帮助优化植物生长环境和提高生态园的管理效率。	
本专题学习成果(描述该学习所要达到的主要成果)	
数据采集：学生能够熟练使用多种环境传感器(如土壤湿度传感器、温湿度传感器、光照传感器等)进行数据采集，并理解其工作原理和数据读取方法。 MQTT协议应用：学生能够理解和应用物联网MQTT协议进行数据传输，实现传感器数据的远程监控和管理。 数据可视化：学生能够使用Mind+中的可视化面板将数据可视化，直观展示环境参数的变化。 创新应用：学生能够探索传感器和物联网技术的新应用，提出创新的解决方案来优化智能生态园的管理。	

续表

主题或项目名称	智能生态园
对应课标（本专题所达到的课程标准）	学生能够认识到数据在智能生态园管理中的重要性，理解数据对于优化植物生长环境的作用。（信息意识） 　　学生能够使用物联网MQTT协议进行数据传输，理解其在智能生态园中的应用。（计算思维） 　　学生能够在项目中应用物联网技术，进行创新实践，解决实际问题。（数字化学习与创新）
本专题的问题设计	(1) 哪些传感器适合用于监测生态园的土壤湿度和温湿度？ 　　(2) 如何利用物联网技术实现生态园环境数据的实时监控和远程管理？ 　　(3) 如何设计一个简洁明了的界面，让师生能够轻松获取生态园的环境数据？

所需教学材料和资源(在此列出学习过程中所需的各种支持资源)

信息化资源	Mind+、行空板
常规资源	电脑
教学支撑环境	创新实验室
其他	
学习活动设计（针对该专题所选择的活动形式及过程）	活动1：讲解不同类型的传感器(如土壤湿度、温湿度、光照等)及其在智能生态园中的应用。学生动手连接传感器到行空板，并进行测试。 　　活动2：介绍MQTT协议的基础知识，包括主题、发布/订阅模式等。指导学生编写程序，使用MQTT协议将传感器数据发送到云端平台。 　　活动3：讨论并设计一个实时监控系统，包括传感器选择、数据采集、数据展示等。 　　活动4：学习利用Mind+的可视化面板设计一个可视化界面。
教学评价	参与度评估：观察并记录学生在团队讨论和活动中的参与情况，评估他们的合作精神和参与热情。 　　团队合作评价：评估学生在团队中的沟通协调能力以及对团队目标的贡献。 　　基础编程任务：评价学生完成的行空板编程作品，重点在于代码的正确性、逻辑性和创新性。
教学评价	项目报告：评估学生团队提交的项目报告，关注其完整性、创新性和实用性。 　　自我评价：鼓励学生进行自我评价，反思自己在项目中的表现和学习收获。 　　组间评价：学生评价其他团队的设计方案，培养批判性思维。
活动专题3	专题3：控制篇——智控育新芽
所需课时	1课时

活动专题3概述(对专题内容进行简要的概述，并可附上相应的思维导图)

续表

主题或项目名称	智能生态园

引导学生深入探索智能生态园中的自动化控制技术。学生将学习如何使用常见的硬件、编程逻辑以及自动化控制系统来实现对生态园环境的智能管理。本专题强调实践操作与理论知识的结合,培养学生的工程思维和创新能力。

执行器实验:学生将进行实验,了解不同执行器的工作特性,并学习如何通过编程来控制它们。

自动化项目设计:学生将设计一个自动化控制项目,如自动灌溉系统、温湿度调节系统等。

系统集成与调试:学生将动手搭建并调试自动化系统,确保系统能够稳定运行。

本专题学习成果(描述该学习所要达到的主要成果)

学生将掌握执行器的使用方法和编程控制技能。
学生将能够设计并搭建一个完整的自动化控制系统。
学生将提升解决复杂问题的能力,增强工程实践和创新设计的经验。

对应课标(本专题所达到的课程标准)	学生能够理解自动化控制技术在智能生态园中的应用,认识到其对提高生态园管理效率的重要性。(信息意识) 学生能够将实际控制问题抽象成编程问题,通过编程实现自动化控制逻辑。(计算思维) 学生能够在自动化控制系统设计中展现创新思维,提出新颖的解决方案,提升系统性能。(数字化学习与创新)
本专题的问题设计	(1)如何设计一个基于土壤湿度数据的智能灌溉系统? (2)如何利用自动化技术调节生态园内的温度和湿度,以适应不同植物的生长需求?

所需教学材料和资源(在此列出学习过程中所需的各种支持资源)

信息化资源	Mind+软件、行空板
常规资源	电脑
教学支撑环境	
其他	
学习活动设计(针对该专题所选择的活动形式及过程)	活动1:讲解不同类型的执行器(如继电器、伺服电机、步进电机等)及其控制方法。介绍自动化控制的基本理论,包括开环控制和闭环控制。小组讨论自动化控制理论在智能生态园中的应用。 活动2:讲解利用Mind+控制相应执行器。学生动手编写程序,控制LED灯、继电器等执行器。 活动3:讨论并设计一个自动化控制系统,如自动灌溉系统或温湿度调节系统。学生分组设计自动化控制系统,并准备设计方案。实施设计方案,搭建并测试自动化系统。 活动4:调试和优化自动化控制系统,确保其稳定运行。 活动5:学生展示他们的自动化控制系统,包括设计思路、实施过程和运行效果。教师和学生共同评估每个系统的优缺点,提出改进建议。

续表

主题或项目名称	智能生态园
教学评价	技能掌握评价：通过课堂练习和实验操作，评估学生对执行器控制、编程逻辑等技能的掌握程度。 自我评价：鼓励学生进行自我评价，反思自己的学习过程和成果，识别自己的优势和需要改进的地方。 同伴评价：学生相互评价项目和报告，培养他们的批判性思维和公正评价能力。 创新思维评价：评价学生在项目设计和实施中展现的创新思维和解决问题的独到见解。
活动专题4	专题4：展示篇——成果展未来
所需课时	1课时

活动专题4概述(对专题内容进行简要的概述，并可附上相应的思维导图)

　　"展示篇——成果展未来"专题是"智能生态园"项目的最后一环，旨在让学生将前三个专题所学知识和技能综合运用，通过完善项目计划书和进行成果展示与评估，来展现他们的学习成果。本专题强调项目管理、沟通表达和团队协作能力的提升，同时鼓励学生进行自我反思和持续改进。

　　项目计划书完善：学生基于前三个专题的实践经验，完善智能生态园的项目计划书。
　　成果展示：学生以组为单位准备并进行一个专业的项目成果展示。
　　项目评估与反思：学生评价其他小组的作品并收集同伴对自己的反馈，进行改进反思。

本专题学习成果(描述该学习所要达到的主要成果)

　　学生能够撰写一份完整的项目计划书，并能够进行专业的项目展示。
　　学生能够根据反馈对项目进行评估和反思，提出合理的改进措施。

对应课标(本专题所达到的课程标准)	学生能够意识到对项目成果进行评估的必要性，以促进项目的持续改进和优化。（信息意识） 学生能够根据反馈对项目计划和实施过程进行优化，提升项目的整体效果。（计算思维）
本专题的问题设计	基于项目评估结果，如何制订未来的改进计划和维护策略？

所需教学材料和资源(在此列出学习过程中所需的各种支持资源)

信息化资源	Mind＋、行空板
常规资源	电脑
教学支撑环境	创新实验室
其他	

续表

主题或项目名称	智能生态园
学习活动设计（针对该专题所选择的活动形式及过程）	活动1：学生根据前三个专题的实践经验，完善各自的项目计划书。 活动2：学生在班级内展示他们的项目成果。展示结束后，学生回答同伴的问题，进行互动交流。 活动3：学生进行项目自评和互评，撰写评估报告。 活动4：学生基于反思结果，制订具体的改进计划，并讨论如何在未来的项目中实施。
教学评价	项目计划书评价：评价计划书的组织结构是否清晰，内容是否逻辑连贯。项目是否有创新点和实际应用价值。 成果展示评价：评价学生在展示中对项目内容的表达是否清晰、准确。

（二）跨学科主题学习的目标设计

跨学科主题学习的目标设计是提升学生核心素养、促进综合素质发展的重要途径。

基于学生计算思维发展，依据《义务教育信息科技课程标准(2022年版)》的要求，进行信息科技跨学科主题学习的目标设计。这一目标设计旨在通过跨学科的学习模式，全面培养学生的计算思维能力，提升他们的创新实践能力、批判性思考能力、创新能力、协作能力以及自我管理能力。

1. 融合多学科知识，构建计算思维基础

在跨学科主题学习中，首要任务是信息科技融合数学、物理、生物、艺术等多学科的知识，为学生构建一个发展计算思维的场景。例如，在开发一个智能环保监测系统的项目中，学生不仅需要掌握信息技术的基本操作，如编程、数据分析等，还需要了解环境监测的基本原理，以及如何利用数学模型对监测数据进行处理和分析。这种跨学科的融合学习，能够使学生在解决实际问题的过程中，自然而然地运用计算思维，将复杂的问题分解为可操作的小问题，并设计出合理的算法和模型来解决问题。同时，跨学科的学习也有助于学生理解不同学科之间的联系和差异，培养他们的综合素养和跨学科学习能力。

2. 注重实践操作，发展学生计算思维技能

跨学科主题学习的另一个重要目标是注重实践操作，通过具体的项目或任务，让学生在实践中锻炼和提升自己的计算思维。例如，在开发一个智能家居控制系统的项目中，学生需要亲自设计并搭建系统的各个模块，包括传感器数据采集、数据处理与分析、控制指令下发等。在这个过程中，学生需要不断试错、调整和优化自己的设计方案，以解决实际问题。这种实践操作不仅能够加深学生对计算思维的理解和应用，还能够培养他们的创新思维和解决问题的能力。同时，通过实践操作，学生还能够更好地理解和掌握信息技术的基本概念和原理，为未来的学习和工作打下坚实的基础。

3. 强调评估与反思，提升计算思维品质

跨学科主题学习还需要强调评估与反思，以提升学生的计算思维品质。在项目实施过程中，教师需要定期组织学生进行评估和反思，检查自己的设计方案是否可行、有效，并找出存在的问题和不足。同时，教师还需要引导学生对解决问题的过程和方法进行梳理和总结，以形成系统的计算思维方法。这种评估和反思不仅能够帮助学生更好地理解和应用计算思维，还能够培养他们的自我反思能力和批判性思维。在评估与反思的过程中，学生还能够学会与他人交流和分享自己的经验和成果，从而拓宽视野、提升能力。

此外，信息科技新课标强调了信息技术在培养学生创新精神和实践能力方面的重要作用。因此，在跨学科主题学习中，教师还需要注重培养学生的创新意识和实践能力。例如，在开发一个基于人工智能的辅助教学系统的项目中，教师可以鼓励学生尝试使用新的技术和方法来解决实际问题，并鼓励他们提出自己的创意和想法。同时，教师还需要为学生提供充足的实践机会和资源支持，让他们在实践中不断尝试、探索和创新。

因此，基于学生计算思维发展的信息科技跨学科主题学习目标设计，需要融合多学科知识、注重实践操作、强调评估与反思，并注重培养学生的创新意识和实践能力。这样的目标设计不仅能够顺应新课标的要求，还能够全面培养学生的计算思维能力、信息素养和创新能力，为他们的未来发展奠定坚实的基础。

（三）跨学科主题学习的内容设计

基于学生计算思维发展，进行信息科技跨学科主题学习的内容设计，是新时代教育改革的重要方向之一。这种内容设计旨在通过跨学科的知识整合与实践应用，全面促进学生计算思维能力的提升。以下从四个方面进行详细阐述：

1. 融合学科内容，构建计算思维框架

在跨学科主题学习中，首要任务是融合数学、物理、化学、生物、艺术等多个学科的内容，构建一个全面而系统的计算思维框架。例如，在开发一个智能农业监测系统的项目中，学生需要综合运用信息技术、生物学知识和统计学方法来设计监测系统。他们需要了解植物生长的基本条件，如光照、温度、湿度等，以及如何利用传感器采集这些数据。同时，学生还需要掌握数据处理和分析的基本方法，如数据清洗、数据可视化等，以便从海量数据中提取有价值的信息。这种跨学科的内容设计不仅能够拓宽学生的知识视野，还能够让他们在实践中锻炼计算思维，学会如何将复杂问题分解为可操作的小问题，并设计出合理的解决方案。

2. 强化算法思维，提升问题解决能力

算法是计算思维的核心组成部分，因此在跨学科主题学习中，需要强化算法思维的培养。例如，在开发一个基于人工智能的语音识别系统的项目中，学生需要了解语音识别的基本原理和常用算法,如隐马尔可夫模型、深度学习等。他们需要学习如何设计算法来处理语音信号,提取特征,并进行模式匹配。同时,学生还需要掌握算法优化和调试的基本方法,以确保系统的准确性和稳定性。通过这种算法思维的培养,学生不仅能够提升问题解决能力,还能够学会如何在实践中不断试错、调整和优化自己的设计方案。

3. 注重项目实践,培养创新思维和团队协作

跨学科主题学习要注重项目实践。通过具体的项目或任务,让学生在实践中培养他们的创新思维和团队协作能力。他们需要与团队成员密切合作,共同完成项目任务。这种项目实践不仅能够加深学生对计算思维的理解和应用,还能够培养他们的创新思维和团队协作能力,为未来的学习和工作打下坚实的基础。

4. 强调评估与反思,提升计算思维品质

跨学科主题学习还需要强调评估与反思的重要性。在项目实践过程中,教师需要定期组织学生进行评估和反思,检查自己的设计方案是否可行、有效,并找出存在的问题和不足。同时,教师还需要引导学生对解决问题的过程和方法进行梳理和总结,以形成系统的计算思维方法。例如,在开发一个基于大数据的个性化推荐系统的项目中,学生需要对自己的设计方案进行定期评估,检查推荐算法的准确性和效率。同时,他们还需要对推荐结果进行用户反馈分析,以不断优化算法和提升用户体验。通过这种评估与反思的过程,学生不仅能够提升自己的计算思维品质,还能够学会如何与他人交流和分享自己的经验与成果,从而拓宽视野、提升能力。此外,在跨学科主题学习的内容设计中,还需要注重培养学生的信息素养和道德伦理意识。信息素养是指学生获取、评估、利用和交流信息的能力,而道德伦理意识则是指学生在使用信息技术时遵守法律法规、尊重他人隐私和知识产权的素养。因此,在跨学科主题学习中,教师需要注重培养学生的信息素养和道德伦理意识,引导他们正确、合法地使用信息技术来解决实际问题。

基于学生计算思维发展的信息科技跨学科主题学习内容设计需要从融合学科内容、强化算法思维、注重项目实践和强调评估与反思四个方面着手。这样的内容设计不仅能够全面促进学生的计算思维发展,还能够培养他们的创新思维、团队协作能力和信息素养,为他们的未来发展奠定坚实的基础。

(四)跨学科主题学习的问题设计

跨学科主题学习的问题设计是促进学习目标的达成,特别是发展学生跨学科能力、思维的关键。面向初中学生设计核心问题及其问题链时,需要确保问题既具有挑战性,又能激发学生的兴趣,同时能够整合多学科知识。以"城市垃圾分类与资源循环利用"为例,这一跨学科主题学习可以围绕以下核心问题及问题链展开。

核心问题:"如何科学有效地进行城市垃圾分类,以实现资源的最大化循环利用?"

问题链:围绕核心问题,可以设计一系列层层递进的问题链,引导学生从多学科角度深入探究。

问题1:不同种类的垃圾在自然界中的降解周期有何差异?这对环境有何影响?(科学学科)

问题2:可回收垃圾中的塑料、金属等如何通过化学方法进行有效分离和再利用?(化学学科)

问题3:城市垃圾填埋和焚烧对环境(如土壤、水源)的潜在危害是什么?如何减少这些危害?(地理学科)

问题4:如何利用信息技术手段(如智能垃圾桶、垃圾分类App)提高垃圾分类的效率和准确性?(信息技术学科)

问题5:垃圾分类和资源循环利用的经济效益体现在哪些方面?如何激励更多企业和居民参与?

问题6:垃圾分类政策在国内外的实施情况如何?有哪些成功的案例可以借鉴?

通过核心问题及问题链,学生不仅能深入理解垃圾分类的重要性和具体方法,还能将科学、化学、地理、信息技术等多学科知识有机融合,培养跨学科思维和解决问题的能力。这样的学习活动不仅能提升学生的核心素养,还能为他们将来应对复杂多变的现实世界打下坚实的基础。

(五)跨学科主题学习的活动设计

跨学科主题学习活动设计旨在通过融合不同学科的知识与技能,促进初中生的全面发展,提升其综合运用知识解决问题的能力。以下是一个以"探索绿色家园"为主题的跨学科学习活动设计,该设计紧密围绕学习目标、学生发展及学习资源展开。

案例(三):绿色家园探索者

1. 学习目标

知识目标:了解环境保护的重要性,掌握生态系统的基本概念,认识常见污染类型及其影响。

能力目标:提高观察、分析问题的能力,提升团队协作与沟通能力,以及初步的科研调查能力。

素养目标:通过数据收集与分析,逐步发展学生计算思维。

2. 学生发展

认知发展:通过跨学科知识的学习,拓宽视野,深化对环境保护复杂性的理解。

技能发展：在实地考察、数据收集与分析、报告撰写等过程中，锻炼实践操作能力、信息处理能力和创新思维能力。

情感发展：增强社会责任感，培养环保意识，学会尊重自然、关爱地球。

3. 学习资源

教材资源：整合生物、地理、化学等学科的环保相关教材章节。

网络资源：利用环保组织网站、科普视频、在线调查工具等获取最新信息和数据。

实地资源：组织参观当地自然保护区、污水处理厂、垃圾回收站等，进行实地考察。

专家资源：邀请环保专家、学者举办讲座或工作坊，提供专业指导。

活动设计实例：

（1）启动阶段：通过一堂跨学科导入课，介绍活动背景、学习目标及任务分配，激发学生兴趣。

（2）核心知识建构：分组学习生态系统、污染类型、环保法规等内容，每组负责一个主题，准备简短汇报。

（3）实地考察：组织学生前往当地环保企业进行实地考察，观察记录，收集一手资料。

（4）数据分析：利用收集到的数据，结合所学知识，分析当地环境问题，提出改进建议。

（5）成果展示：各小组制作 PPT 或海报，展示研究成果，进行班级分享，并邀请教师、家长及社区代表参与评价。

（6）反思与行动：引导学生反思活动过程，撰写个人感悟，鼓励学生将所学知识应用于日常生活中，如减少塑料使用、参与植树造林等。

通过"绿色家园探索者"这一跨学科主题学习活动，初中生不仅能够提升跨学科的知识整合能力，更能在实践中增长技能，培养环保意识，为成为未来的环保行动者打下坚实的基础。

（六）跨学科主题学习的评价设计

跨学科主题学习的评价设计，旨在全面、客观地反映学生在多领域知识融合、技能应用及情感态度等方面的成长，其特点鲜明，与单一学科的教学评价存在显著差异。以下从五个方面详细阐述跨学科主题学习的评价设计。

1. 多元性

跨学科主题学习评价的首要特点是多元性。它不再局限于某一学科的知识掌握程度，而是关注学生在多个学科领域内的综合表现。评价内容涵盖知识理解、技能运用、问题解决能力、创新思维及情感态度等多个维度，确保评价的全面性和深度。

2. 过程性

评价以活动的形式覆盖全过程，强调对学生学习过程的持续关注和评价。通过课堂观察、小组讨论、项目报告、实地考察等多种方式,记录学生在不同学习阶段的表现和进步,形成性评价与总结性评价相结合,更准确地反映学生的成长轨迹。

3. 学生主体性

跨学科主题学习评价鼓励学生积极参与评价过程,成为评价的主体之一。通过自我评价、同伴评价等方式,让学生反思自己的学习过程和成果,培养自我认知和自我管理能力。同时,学生的参与也促进了评价的公正性和透明度。

4. 情境性

跨学科主题学习往往设置在具体的生活或社会情境中,因此评价也应体现情境性。在真实或模拟的情境中评价学生的知识应用、问题解决能力和创新思维,使评价更加贴近实际,更具意义。这种评价方式有助于学生将所学知识迁移到实际生活中,提高学习的实用性和有效性。

5. 综合性

跨学科主题学习评价的最终目标是促进学生的全面发展。因此,评价需要综合考虑学生在知识、技能、情感态度等多个方面的表现,形成综合性的评价结论。这种评价不仅关注学生的学习成果,更重视学生的学习过程、学习方法和学习态度,为学生的终身学习和发展奠定坚实基础。

跨学科主题学习的评价设计应体现多元性、过程性、学生主体性、情境性和综合性等特点,以全面、客观地反映学生的成长和发展。通过科学合理的评价设计,可以激发学生的学习兴趣和动力,促进学生的全面发展。

(七)跨学科主题学习的资源设计

跨学科主题学习的资源设计是确保学习有效性和丰富性的关键环节,它可以从学习支架和知识拓展两个方面进行深入阐述。

1. 学习支架

学习支架是跨学科主题学习中不可或缺的支持系统,旨在帮助学生更好地理解和掌握知识。这些支架可以包括:

(1)情境型支架:通过模拟真实或虚构的情境,为学生提供具体的学习背景和任务,使学习更具情境性和趣味性。例如,在探讨环境保护的跨学科主题时,可以设计一个虚拟的环保项目,让学生在模拟的情境中学习相关知识并解决问题。

(2)策略型支架:提供学习策略和方法指导,帮助学生掌握跨学科学习的有效路径。这包括时间管理、信息整合、批判性思维等,以及如何在多学科间进行知识迁移和应用。

(3)资源型支架:整合多种学习资源,如书籍、网络资源、实验器材等,为学生提供丰富的学习材料。这些资源应覆盖不同学科领域,以满足跨学科学习的需求。

(4)交流型支架:建立促进师生互动和生生互动的平台,如学习小组、在线论坛等。通过交流,学生可以分享观点、解决问题、共同进步,增强合作学习的能力。

2. 知识拓展

知识拓展是跨学科主题学习的重要组成部分,旨在拓宽学生的知识视野和认知边界,这可以通过以下方式实现。

(1)跨学科课程整合:设计整合多个学科知识的跨学科课程,让学生在学习过程中自然而然地接触到不同领域的知识。例如,将科学、艺术和历史相结合,通过综合项目来探索某一主题。

(2)跨学科研究项目:鼓励学生参与跨学科研究项目,让他们在解决实际问题的过程中综合运用多学科知识。这些项目可以涉及社会、环境、科技等多个领域,有助于培养学生的综合思维能力和创新能力。

(3)多样化学习资源:提供多样化的学习资源,包括电子书籍、在线课程、学术论文、科普视频等。这些资源应涵盖广泛的学科领域,以满足不同学生的学习需求。

(4)实践活动与实地考察:组织实践活动和实地考察,让学生亲身体验和感知跨学科知识的应用。例如,参观科技馆、博物馆、工厂等,通过亲身体验来加深对知识的理解和记忆。

跨学科主题学习的资源设计应围绕学习支架和知识拓展两个方面展开,通过提供全面的支持系统和丰富的学习资源,确保学生能够在跨学科学习中获得全面发展。

通过设计的"校园智能灯控"项目案例,我们旨在呈现跨学科主题学习的单元规划设计。该项目巧妙融合信息技术、科学及工程设计等多领域知识,不仅提升了学生的综合能力,更为信息科技跨学科主题学习提供了创新思路与宝贵范例。

案例(四):校园智能灯控项目

跨学科主题学习设计"智能灯控系统设计"

一、基本信息					
学科	信息科技、物理、科学	实施年级	六	设计者	
《课程标准》模块	第三学段(5—6年级)(二)过程与控制				
主题名称	生活中的控制系统				
二、教学规划					
1. 问题情境 学校里同学们要经过走道,传统的走道用的是有开关控制的灯。但是存在一个问题:没人的时候也一直开着,长时间的亮灯浪费资源。是否可以设计一种自动控制的灯,像小区里或者外面看到的,当人走过走道时,走道灯就会自动打开,离开时没人了,可以自动熄灭。 请你运用所学知识,解决问题:如何设计走道里的自动感应的灯控系统?					

续表

2.单元概述

本单元通过学习"过程与控制"中的相关内容,让学生了解什么是系统,什么是控制系统,身边的控制系统是怎么样的,能区别手动控制系统和自动控制系统。从小处着手,观察生活中的灯光控制照明系统,如触摸开关灯、调光灯、楼道节能灯等,通过观察身边的真实案例,体验和认识身边的过程与控制。了解过程与控制可以抽象为包含输入、计算和输出三个典型环节的系统,了解系统的输入与输出可以是开关量或连续量,了解连续量可以经由值判断形成开关量,掌握开关量的简单逻辑运算。了解反馈是过程与控制中的重要手段,初步了解反馈对系统优化的作用。了解计算机可用于实现过程与控制,能在实验系统中通过编程等手段验证过程与控制系统的设计。理解过程与控制系统中存在安全问题,知道自主可控的系统在解决安全问题时起到的重要作用。

(1)核心概念

本单元的核心概念有系统、控制系统中过程与控制的三个典型环节、反馈等,如下图所示。

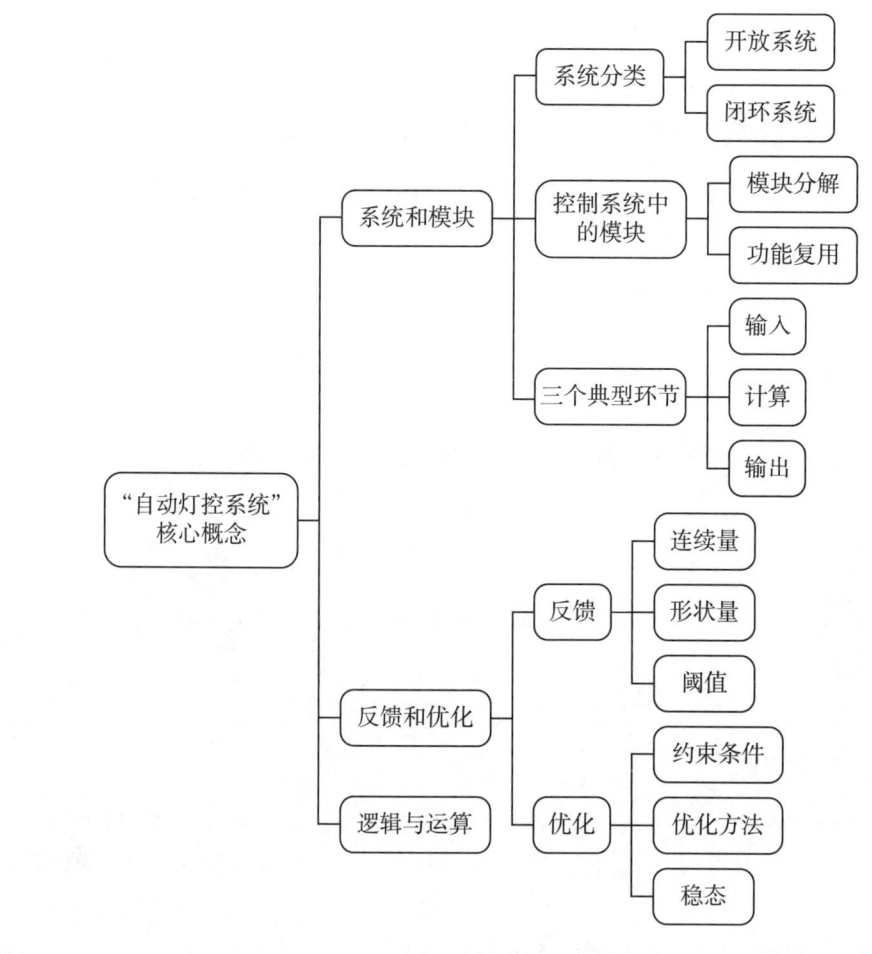

(2) 内容结构

本单元首先从身边的系统出发，帮助学生认识和辨别身边的系统，了解系统的组成；知道控制系统抽象为输入、计算、输出三个典型环节；探究和实现小型灯光控制系统，领悟控制系统的基础原理。单元内容结构如下：

1. 生活中的系统	2. 理解控制系统	3. 初探灯控系统	4. 初探灯光感应系统
• 系统、小系统 • 身边的系统 • 生活中的控制系统 • 生活中系统的重要性	• 控制系统 • 控制系统的输入、计算、输出环节 • 从整体到局部分析问题、解决问题的能力	• 体验自动灯控系统 • 理解三环节的具体实现过程 • 运用计算机实现模拟自动灯控系统	• 体验灯光控制系统 • 理解阈值的概念 • 理解开关量和连续量的概念 • 输出环节设计 • 运用计算机实现灯控感应系统

(3) 育人价值

通过本单元的学习，学生了解生活系统的重要性，感受系统对生活带来的便捷。学生通过系统、子系统、模块等的学习，识别系统中输入、计算、输出环节，养成从整体到局部、从系统到具体模块来思考问题及分析、解决问题的能力。通过使用 mpython 平台实现灯控系统，提升数字素养与技能。通过自动感应灯控系统的设计与实现，了解控制系统实现过程，体会过程与控制的精妙之处，感受计算机在实现控制系统中的作用，感受信息科技在生活各方面的影响及信息科技的魅力。

3. 单元学情分析

六年级的学生已经学习了计算机基础，以及图形化编程的基本内容，对程序的实现过程有了初步了解。虽然学生在日常生活中经常接触控制体系，如空调、开关灯等，但对控制系统的工作过程、原理等关注不多。六年级学生好奇心强，具有探究欲望，学习中通过对案例的体验和交流，帮助学生认识控制系统。

4. 单元教学目标

(1) 通过体验和认识身边的过程与控制，了解过程与控制可以抽象为包含输入、计算和输出三个典型环节的系统(信息意识)。

(2) 通过观察身边的真实案例，了解一个大的系统可以分解为几个小的系统，一个系统也可以划分出功能相对独立的多个模块(信息意识、计算思维)。

(3) 通过分析具体的实例，了解系统的输入与输出可以是开关量或连续量，了解连续量可以经由阈值判断形成开关量，掌握开关量的简单逻辑运算(计算思维)。

续表

(4) 通过分析典型应用场景，了解计算机可用于实现过程与控制，能通过 mpython 系统和仿真方式等验证过程与控制系统设计（数字化学习与创新、计算思维）。

(5) 结合生活中的实例，理解过程与控制系统中存在安全问题，知道自主可控的系统在解决安全问题时起到的重要作用（信息社会责任）。

5. 单元课时划分

课时	主题	任务/活动
第1课时	生活中的系统	了解系统；了解模块及功能；系统的作用
第2课时	理解控制系统	体验系统；理解三个典型环节；感悟重要性
第3课时	初探灯控系统	分析系统；设计三个环节；设计算法；编程验证
第4课时	初探灯光感应系统	理解系统；设计算法；编程实现；调试

本单元共4个课时。第1和第2课时分别了解系统、模块、系统中包含的输入、计算、输出三个过程与控制的环节，前两课时的学习，为后续灯控系统的实现做了知识上的铺垫。第3课时"初探灯控系统"的学习帮助学生掌握灯控系统搭建及计算机实现，为第4课时做了铺垫。第4课时"初探灯光感应系统"的设计与实现需要了解系统设计三个环节，特别是输入环节和计算环节，设计连续量、阈值、开关量等。

课题名称	智能灯控系统设计		
学校名称	上海市实验学校东校	教师姓名	
教学对象	七4班	学科	人工智能基础
项目概述	本项目基于《上海市中小学人工智能课程指南》，以智能交通为真实情景，为了节约资源，进行智能灯控的设计。引导学生开展基于问题解决的跨学科主题的项目实践活动，涉及信息、物理、劳动技术课程相关知识。本项目共4课时，本节课是第2课时，制作简易的灯控设计。		
学情分析	1. 知识储备上，七年级学生对 Python 语言基础和人工智能相关知识有初步的积累，已经初步掌握了变量、if 语句和赋值等使用方法，了解了基础的程序结构，能初步用于解决生活中的问题。 2. 在学段特征上，七年级的学生富有好奇心，求知欲强，喜欢新鲜有挑战的课堂活动，能对一些现象进行梳理和简单推导。虽然生活中接触过人工智能的应用，但多数停留在有趣、好玩的层面，对背后的原理和实现方式缺乏了解。因此，通过本项目的开展揭开人工智能原理的黑盒。		

续表

教学目标	1. 通过读图，了解光敏电阻的一般特性。 2. 通过实现简易的灯控系统，应用 if 语句的语法。 3. 通过抽象、分解问题和算法设计，提高运用编程解决实际问题的能力，发展计算思维。			
教学重点 与难点	教学重点： 通过编程，应用 if 语句，加深对其语法的理解。 教学难点： 将光敏电阻的物理特性与 Python 编程逻辑相结合，实现简易智能灯控系统。			
教学过程	教学环节	学生活动	教师活动	设计意图
	导入新课 （约3分钟）	（一）发现问题 1. 观看动画。 2. 思考回答。 3. 明确课时任务。	（一）发现问题 1. 播放动画，提问：实现什么效果？应用了什么技术？ 2. 这项技术的优势是什么？引出课题。	从真实情境出发，引出课题，激发学生的学习动力，并明确课时任务。
	新知学习一 （约3分钟） 活动一： 读取光照强度值 （约7分钟） 新知学习二 （约5分钟）	（二）分析问题 1. 观察实验，初步了解光敏电阻。 2. 学习光敏电阻原理。 3. 思考并对程序进行填空，编程实践读取光照强度值。 4. 思考回答。 5. 学习 if 条件判断语法。	（二）分析问题 1. 光敏电阻实验。 2. 讲解光敏电阻的原理。 3. 讲解相关代码，引导学生填空，完成活动一。 4. 引导学生思考：有了光照强度值，如何实现功能？ 5. 讲解 if 条件判断语法。	知道光敏电阻原理，能够读取光照强度值。通过问题，逐步解析智能灯控系统的任务。初步掌握 if 条件判断语法。
	活动二： 智能灯控系统设计 （约15分钟）	（三）解决问题 1. 填写关键代码，编程。 2. 拓展任务（能力较强的学生完成）：当环境逐渐变暗时，LED 灯逐渐变亮，环境逐渐变亮时，LED 灯逐渐变暗，直至熄灭。 3. 学生分享交流。	（三）解决问题 1. 试一试：实现光照强度低时灯亮，光照强度高时，灯灭。 2. 巡视、指导。 3. 引导学生分享交流。	通过对简易灯控系统的实现，加深对光敏电阻、if 语句的理解。
	活动三： 思辨探讨 （约5分钟）	（四）反思问题 1. 分组交流，讨论问题。 2. 交流并填写学习单。	（四）反思问题 1. 你认为还能如何改进智能灯控系统？ 2. 你认为智能灯控系统还能应用在哪些场景？	通过思辨探讨活动，反思问题，进一步思考如何实现智能灯控系统。

续表

教学过程	课堂小结（约2分钟）	（五）小结 1. 总结所学内容。 2. 整理与收纳。	（五）小结 引导学生总结所学内容。	及时的总结有利于新知的回顾。课后拓展，激发学生探究热情。

学习评价单	评价指标	目标要求	优秀	良好	合格	需努力
	学科核心知识	能够正确使用Python的if条件判断				
	跨学科核心知识	知道光敏电阻的阻值与光照强度的变化关系				
	计算思维	能够使用相关硬件材料，结合软件程序，设计解决问题的方案				
	思辨素养	主动分享自己的作品和想法，并能认真倾听他人的观点				

项目反思与评价

"智能灯控系统设计"通过课堂教学实践，首先在培养学生的计算思维方面做得相当出色。一是通过"新知学习一"和"活动二"中的编程实践，让学生亲手操作，利用Python的if条件判断语句来实现智能灯控系统的基本功能。这种动手实践的方式，使学生不仅能够深入理解if语句的语法，还能在实际应用中体会其逻辑判断的魅力。二是巧妙地设计了"拓展任务"，鼓励学生思考并实现LED灯根据光照强度逐渐变化的效果。这一任务不仅锻炼了学生的编程能力，更重要的是，它引导学生学会了如何抽象、分解问题，并设计出合理的算法来解决实际问题。这正是计算思维的核心所在。三是通过"思辨探讨"环节，引导学生反思智能灯控系统的改进方法和应用场景，进一步培养了学生的批判性思维和创新能力。

在跨学科主题学习方面，龚老师的这堂课同样值得称赞。她以《上海市中小学人工智能课程指南》为指导，将智能交通作为真实情景，巧妙地融合了信息、物理和劳动技术等多个学科的知识。通过光敏电阻实验和编程实践，学生不仅了解了光敏电阻的物理特性，还学会了如何将其与Python编程逻辑相结合，实现智能灯控系统的功能。这种跨学科的学习方式，不仅拓宽了学生的知识面，更重要的是，它帮助学生建立了不同学科之间的联系，使他们能够更好地理解和应用所学知识。同时，通过实际的项目实践活动，学生还能够体验到知识在实际问题解决中的价值和意义。

总的来说,这堂课在计算思维和跨学科主题学习方面都取得了显著的效果。然而,也有一些可以改进的地方。例如,在编程实践环节,可以进一步增加学生的自主性,让他们有更多的机会去探索和尝试不同的编程思路和算法。同时,在跨学科学习方面,可以更多地引入其他相关学科的知识和案例,以丰富学生的学习体验。

第二节 跨学科主题学习怎么实施

一、计算思维与跨学科主题学习实施

(一) 基于核心素养,体现学生主体

在跨学科主题学习中渗透并发展学生的计算思维是一个重要的教育目标。以学生为中心开展教学实践,通过培养学生分解、抽象、建模、算法设计等能力,提升学生的信息科技核心素养。

1. 分解

分解是指将复杂的问题或系统拆分成更小、更易于管理的部分,以便逐个解决。在计算思维中,分解是处理复杂问题的关键步骤。如"模拟投篮游戏开发"是信息科技与体育的跨学科主题学习。

在开发模拟投篮游戏的跨学科项目中,学生需要将整个投篮游戏系统分解为多个小模块,便于开发,如投篮分解动作模块、计分模块、界面显示模块等。每个模块再进一步分解为更小的组件,如投篮动作模块可以分解为投篮轨迹计算、投篮力度控制等子模块。通过这样的分解,学生可以更加清晰地理解游戏系统的结构,并逐个解决每个模块的问题。

2. 抽象

抽象是指从复杂的问题中提取出关键的信息和特征,以便更好地理解和解决问题。在计算思维中,抽象是将现实世界的问题转化为可计算问题的重要步骤。如"利用 Scratch 编程解决数学问题",这是信息科技与数学学科的跨学科主题学习。

在 Scratch 图形化编程中,学生可以利用抽象思维将复杂的数学问题简化为可计算的程序。例如,在解决数学中动点轨迹问题时,学生可以将木棍看作由三个点(两个端点和一个中点)组成的线段,通过保证这三个点的相对距离不变来模拟木棍的倒下过程。这种抽象不仅简化了问题,还使学生能够更加直观地理解动点轨迹的概念,再通过 Scratch 编程实现动点轨迹问题,直观生动体验问题求解的过程。

3. 建模

建模是指根据问题的描述和特征,建立相应的数学模型或仿真模型,以便对问题进行

更深入的分析和求解。在计算思维中,建模是将抽象问题具体化的关键步骤。

如"转盘抽奖游戏建模"主题学习中,学生可以通过数学建模来确定转盘转动的角度、奖品区的划分以及随机抽取奖品的概率等问题。例如,学生可以将转盘划分为 8 个奖品区,每个奖品区对应一个角度范围,然后通过随机数生成器来确定转盘停下的位置。这种建模不仅使学生能够更加清晰地理解转盘抽奖游戏的规则,还能够通过仿真来验证模型的正确性。

4. 算法设计

算法设计是指根据问题的描述和建模结果,设计相应的算法来求解问题。在计算思维中,算法设计是实现问题求解的核心步骤。如"Python 数据拟合"项目:

在物理学实验中,学生经常需要处理大量的实验数据并进行分析。例如,在验证牛顿第二定律的实验中,学生可以通过 Python 的 NumPy 库和 SciPy 模块来拟合实验数据,从而得出拉力和加速度之间的数量关系。这种算法设计不仅提高了数据处理的效率,还能够通过可视化工具(如 Matplotlib)来直观地展示实验结果,使得抽象的概念和实验数据可视化。

通过跨学科主题学习中的分解、抽象、建模和算法设计四个方面的实践,可以有效地渗透并发展学生的计算思维。这些实践案例不仅有助于学生更好地理解跨学科知识的内在联系,还能够培养他们的创新思维和解决实际问题的能力。

(二) 搭建真实情境、体验式学习、探究式实践、创意物化

在跨学科主题学习中渗透并发展学生的计算思维,可以从搭建真实情境、体验式学习、探究式实践、创意物化四个方面实施。

1. 搭建真实情境

真实情境是跨学科主题学习的起点,它能够激发学生的学习兴趣,并引导他们将所学知识应用于解决实际问题。在计算思维的培养中,真实情境能够帮助学生理解计算思维在实际生活中的应用价值。教师可以根据跨学科主题学习的内容,设计与学生生活密切相关的真实情境,引导学生分析情境中的问题,明确计算思维在解决问题中的作用。

在"智能家居"跨学科主题学习中,教师可以搭建一个智能家居的真实场景,包括智能灯光、智能窗帘、智能音响等设备。学生需要分析这些设备的工作原理,并思考如何通过编程实现设备的联动控制。这样的真实情境能够让学生直观地感受到计算思维在智能家居领域的应用。

2. 体验式学习

体验式学习是指学生通过亲身参与和体验,来感受和理解计算思维的过程和方法。这种学习方式能够帮助学生更好地掌握计算思维的核心概念,并提高他们的实践能力。

教师可以设计一系列与跨学科主题学习相关的体验式活动,如编程比赛、机器人制作等。鼓励学生在活动中积极尝试和探索,培养他们的创新思维和解决问题的能力。

在"智能穿戴设备"跨学科主题学习中,学生可以运用所学的电子技术和编程知识,设计并制作一款智能穿戴设备。这款设备可以具有多种功能,如心率监测、步数统计、消息提醒等。通过创意物化,学生能够更加深入地理解计算思维在智能穿戴设备设计中的应用,并展示自己的创新成果。

3. 探究式实践

探究式实践是指学生通过自主探究和合作学习,来发现和解决跨学科主题学习中的问题。这种实践方式能够培养学生的自主学习能力和团队协作精神,并促进他们对计算思维的深入理解。教师可以提出与跨学科主题学习相关的问题或挑战,引导学生进行自主探究和合作学习,鼓励学生提出假设、设计实验、收集数据、分析结果,并得出结论。

在"数据分析与可视化"跨学科主题学习中,教师可以提出一个问题:如何通过分析学生的考试成绩数据,来找出影响成绩的关键因素？学生需要运用数据分析工具(如 Excel、Python 等)来处理数据,并通过可视化手段(如图表、图像等)来展示分析结果。通过探究式实践,学生能够更加深入地理解计算思维在数据分析中的应用。

4. 创意物化

创意物化是指学生将跨学科主题学习中的知识和计算思维应用于实际创作中,创造出具有创新性和实用性的作品。这种实践方式能够培养学生的创新意识和实践能力,并展示他们的学习成果。教师可以鼓励学生结合跨学科主题学习的内容,进行创意设计和制作;提供必要的资源和支持,如材料、工具、指导等,帮助学生实现创意物化。

如在"Smart office"跨学科主题学习中,教师用问题来引导学生们思考和大胆想象,课堂充满思维的碰撞。分组活动中,学生团队合作,动手实践,以小组为单位,都全情投入机器人创意作品学习活动中。利用现有的器材零件,在有限的时间里,尝试搭建各种主题创新作品。从最初创意开始一步步体验动手实践的快乐,学习和提升机器人建构与编程技能,最终完成了"Smart office"创意物化成果,解决现实中的问题。并在国际赛场上和伙伴们共同交流、一起进步。

通过搭建真实情境、体验式实践、探究式实践和创意物化四个方面的实施策略,可以有效地在跨学科主题学习中渗透并发展学生的计算思维。这些策略不仅能够帮助学生掌握计算思维的核心概念和方法,还能够培养他们的创新思维和实践能力,为未来的学习和工作打下坚实的基础。

(三) 内容中心、目标统领、素养导向

在跨学科主题学习中渗透并发展学生的计算思维,从内容中心、目标统领、素养导向三个角度进行举例阐述。

1. 内容中心

内容中心指的是跨学科主题学习的设计应围绕特定的学科内容或主题展开,同时融入计算思维的培养。《义务教育课程方案(2022年版)》指出:"基于核心素养培养要求,加强课程内容的内在联系,突出课程内容结构化,探索主题、项目、任务等内容组织方式。"

在选择跨学科主题时,需要确保内容与计算思维的培养目标紧密相关,并能够通过跨学科的方式深化学生对该内容的理解。以"探索航天奥秘"为主题,结合数学、物理、信息技术等多学科的知识,设计跨学科主题学习活动。在活动中,学生需要运用数学知识来计算航天器的轨道和速度,利用物理知识来理解航天器的运动规律和原理,同时借助信息技术来模拟航天器的飞行过程。这样的设计不仅让学生掌握了跨学科的知识,还通过解决实际问题的过程,培养了他们的计算思维。

2. 目标统领

目标统领指的是跨学科主题学习的设计应以明确的目标为导向,这些目标应包括计算思维的培养。在确定目标时,需要明确学生在跨学科主题学习后应达到的计算思维水平,并设计相应的教学活动来支持这些目标的实现。在设计"智能家居控制系统"跨学科主题学习时,目标设定为让学生掌握基本的编程技能,并能运用计算思维来设计智能家居控制系统的算法。为实现这一目标,可以组织学生进行小组讨论,让他们共同设计智能家居控制系统的方案,并通过编程来实现系统的功能。这样的设计能够让学生在实践中锻炼计算思维,并提高他们的编程能力。

3. 素养导向

素养导向指的是跨学科主题学习的设计应以培养学生的核心素养为目标,包括计算思维在内的各种能力和素质。在计算思维的培养中,需要关注学生的问题解决能力、抽象思维能力和创新能力等核心素养的发展。

在"数据收集与分析"跨学科主题学习中,可以设计一系列与现实生活密切相关的数据收集和分析任务,如调查学生的饮食习惯、分析城市交通流量等。通过这些任务,学生能够运用计算思维来收集和分析数据,得出有价值的结论,并提出改进建议。这样的设计不仅能够培养学生的计算思维,还能够提高他们的数据分析能力和问题解决能力,从而进

一步促进他们核心素养的发展。

从内容中心、目标统领、素养导向三个角度出发,可以在跨学科主题学习中有效地渗透并发展学生的计算思维。这些策略不仅能够帮助学生掌握跨学科的知识和技能,还能够培养他们的创新思维和实践能力,为未来的学习和工作打下坚实的基础。

二、前测了解学情

跨学科主题学习的实施,首先需通过前测精准把握学情,为后续教学设计与实施奠定坚实基础。这一过程可围绕以下四个方面展开。

(一)知识背景评估

前测应覆盖学生在各学科领域的基础知识掌握情况,识别学生的知识盲点与优势领域。例如,在"绿色能源与环境保护"跨学科主题学习中,可通过问卷或测试了解学生对物理中能量转换、化学中清洁能源原理、生物中生态系统平衡以及地理中环境问题的基本认知。比如,设置问题如"太阳能是如何转化为电能的?""列举三种常见的可再生能源",以此评估学生的知识储备。

(二)学习兴趣与动机

通过问卷调查、访谈或兴趣小组讨论等方式,了解学生的兴趣点和学习动机。这有助于设计更具吸引力的跨学科活动,激发学生参与热情。在"绿色能源与环境保护"主题中,可以询问学生"你最关注的环保问题是什么?""你希望通过什么方式参与环保行动?"根据反馈调整教学内容和方法,如组织实地考察、环保项目设计等。

(三)学习风格与能力倾向

识别学生的学习风格(如视觉型、听觉型、动手型)和认知能力(如逻辑思维、创新思维、批判性思维),以便采用多样化的教学策略。比如,通过小组合作任务观察学生的协作能力,利用项目式学习(PBL)考查学生的问题解决能力。在"绿色能源"项目中,分组让学生设计并制作一个小型风力发电机模型,既考查了学生的动手能力,也促进了团队合作能力和创新思维的发展。

(四)技术应用能力

随着信息技术的发展,跨学科学习往往涉及数字工具和技术应用。前测应评估学生对信息技术的基本掌握情况,如互联网搜索、数据处理、多媒体制作等,以便在教学中适时引入相关技术工具。例如,在"环境保护"宣传活动中,评估学生使用PPT、视频编辑软件制作宣传材料的能力,并根据实际情况提供必要的技术培训或资源支持。

通过这四个方面的前测,可以全面而深入地了解学情,为跨学科主题学习的有效实施提供有力支撑。

三、任务设计

跨学科主题学习的实施,任务设计是核心环节,它决定了学习活动的方向、深度和效果。以下从五个方面阐述如何通过具体活动设计来实现跨学科任务设计:

(一)确定跨学科主题

首先,需要明确一个具有整合性和探究性的跨学科主题。这个主题应能够自然地连接多个学科领域,激发学生的兴趣和好奇心。例如,可以选择"城市生态与可持续发展"作为主题,它融合了地理、生物、环境科学、经济学、社会学等多个学科的知识。

(二)分解学科目标

针对选定的主题,将各学科的学习目标进行分解和整合。确保每个学科的目标都能在跨学科主题中得到体现,同时促进学科间的相互关联和深化。例如,在"城市生态与可持续发展"主题中,地理学科可以关注城市空间布局与生态环境的关系,生物学科可以研究城市中的生物多样性保护,环境科学可以探讨城市污染问题及治理策略,经济学可以分析可持续发展的经济模式,社会学可以考察城市居民对环境保护的认知和行为。

(三)设计综合性任务

基于分解后的学科目标,设计一系列综合性任务,让学生在完成任务的过程中实现跨学科学习。这些任务应具有挑战性、实践性和创新性,能够激发学生的探索欲和创造力。例如,可以设计一项"城市绿色空间规划"的任务,要求学生综合运用地理、生物、环境科学等学科知识,设计一个既符合生态平衡又满足居民需求的城市绿色空间方案。

(四)实施多样化的活动

为了支持综合性任务的完成,需要设计多样化的活动形式。这些活动可以包括实地考察、调查研究、案例分析、模型制作、角色扮演、辩论赛等。通过多样化的活动,让学生在实践中学习、在合作中成长。例如,在"城市绿色空间规划"任务中,可以组织学生参观城市公园、绿地等绿色空间,进行实地考察和数据收集;开展问卷调查或访谈,了解居民对绿色空间的需求和期望;进行案例研究,分析国内外成功的绿色空间规划案例;制作模型或绘制图纸,展示自己的设计方案;通过角色扮演或辩论赛等形式,就不同设计方案进行交流和讨论。

（五）评估与反馈

跨学科主题学习的评估应关注学生的学习过程、团队合作、创新能力以及跨学科知识的综合运用能力。采用多元化的评估方式，如自我评价、同伴评价、教师评价、专家评价等。同时，及时给予学生反馈，帮助他们认识到自己的优点和不足，明确未来的学习方向。例如，在"城市绿色空间规划"任务完成后，可以组织一次成果展示会，邀请校内外专家、教师和学生共同参与评价；通过反馈表或面谈等方式，收集学生对活动的反馈意见，以便对后续的教学活动进行改进和优化。

跨学科主题学习的实施需要明确主题、分解目标、设计任务、实施活动和评估反馈等环节的紧密配合。通过这些环节的有效实施，可以促进学生跨学科知识的综合运用和综合素质的全面提升。

四、活动组织

跨学科主题学习的成功实施，关键在于活动的精心策划与有效执行。教师在这一过程中扮演着至关重要的角色，不能仅仅是任务的布置者，而应是学习过程的引导者和促进者。以下从三个方面阐述跨学科主题学习中的活动组织策略。

（一）明确角色与责任

首先，教师需要明确自己在跨学科主题学习中的角色，即作为学习的促进者、资源的提供者和过程的监控者。同时，也要让学生明确自己的角色和责任，鼓励他们成为主动的学习者、合作者和探究者。例如，在"探索古代文明"跨学科主题学习中，教师可以设定学生为"考古学家"的角色，负责通过团队合作，利用多学科知识（如历史、地理、艺术、语言等）来"挖掘"并解读古代文明的信息。教师则提供必要的资源（如书籍、网站、实物模型等），并在学生遇到难题时给予指导和支持。

（二）设计互动与合作的学习活动

跨学科主题学习强调知识的整合与应用，因此，设计互动与合作的学习活动至关重要。教师可以通过小组讨论、角色扮演、项目式学习等形式，促进学生之间的交流与合作，让他们在共同完成任务的过程中深化对知识的理解。例如，在"未来城市规划"项目中，教师可以将学生分为不同的小组，每组负责规划城市的一个特定区域（如商业区、住宅区、教育区等）。小组成员需要运用地理、经济、环境科学等多学科知识，通过讨论、调研和设计，提出合理的规划方案。在此过程中，学生不仅学会了如何运用跨学科知识解决问题，还培养了团队合作和沟通能力。

（三）实施持续的过程监控与反馈

跨学科主题学习是一个持续的过程，教师需要密切关注学生的学习进展，及时给予反馈和指导。这包括定期检查学生的学习成果、组织阶段性评估、鼓励学生进行自我反思和同伴评价等。通过这些措施，教师可以了解学生的学习情况，发现存在的问题，并据此调整教学策略。例如，在"探索宇宙奥秘"跨学科主题学习中，教师可以定期组织学生展示他们的研究成果（如研究报告、模型、PPT 等），并邀请其他小组进行提问和点评。这样不仅可以锻炼学生的表达能力和批判性思维，还能让学生在相互学习中不断进步。同时，教师也要根据学生的表现给予具体的反馈和建议，帮助他们明确下一步的学习方向。

跨学科主题学习需要教师的精心策划与有效执行。通过明确角色与责任、设计互动与合作的学习活动以及实施持续的过程监控与反馈等措施，可以确保跨学科主题学习的顺利进行，促进学生的全面发展。

案例（五）：自动驾驶与 Python 编程

项目名称	自动驾驶与 Python 编程		课程类型	
适用年级	6—7 年级	总课时	8	
项目简介	\multicolumn{4}{l	}{"自动驾驶与 Python 编程"项目，从自动驾驶这一独特的视角，为学生设计了 4 个自动驾驶学习活动，以项目式的学习任务培养学生程序设计与编写能力，通过实践促使学生对人工智能技术的理解和应用。控制器、传感器等组成部分的构建和控制。项目中，通过图像化和 Python 编程相结合的编程方法，将自动驾驶程序设计和编写规范化，使其难度大大降低，更适合初中生学习。编程是人工智能的基础，通过机器人编程的学习，学生既可以感受到编程的乐趣，又可以体验到人工智能的价值。本项目以自动驾驶小车编程为重点，通过机器车编程的学习，培养学生的逻辑思维能力、问题解决能力、动手实践能力和科学创新意识。}
开发背景	\multicolumn{4}{l	}{1.项目定位。 本项目是信息科技学科的选修内容，是人工智能课程的实践。主要面向六、七年级拓展课学生，通过从体验到实践、从碎片认知到系统掌握的探究，通过"学习—体验—实践—创新"，进一步加深学生对人工智能相关学科概念的理解和人工智能项目的操作实践。 2.学情分析。 从学校实际出发，在充分考虑学生发展需要的基础上，选择性地开设"自动驾驶"项目，建议在六年级开设初级模块作为常态班级授课，也可以选择高级模块作为社团课。学校也可选择在六、七年级开设校本课程。在开设初级模块时，学校只需拥有学生机房与摄像头传感器即可，而开设高级模块时，需要另外提供足够的空间放置多条授课用赛道。}

续表

开发背景	3.项目开发资源。 "自动驾驶与 Python 编程"项目,将因地制宜,打通与社会、企业间的通道,结合周边资源,找到培育学生创新素养的关联点,跨界整合资源与环境。 (1)校内平台资源。通过人工智能社团招募六、七年级学生,建立自动驾驶与 Python 编程学生研究队伍。 (2)环境资源。 (3)实践活动资源。积极申报学校社团展示机会,带领学生开展自动驾驶与 Python 编程的展示和实践活动。 (4)校外合作资源。借助人工智能实验校的机会,与商汤科技建立校外合作关系,在技术开发和自动驾驶硬件方面,开展合作共建。我校作为华东师范大学顾小清教授主持的国家社科基金重大项目"人工智能促进未来教育发展研究"课题组的实验校。加强与华师大顾小清团队在自动驾驶与 Python 编程课程开发和项目设计与实施方面开展合作。
学习目标	1.知道人工智能的相关概念;理解人工智能的关键技术及原理,如语音识别、语音合成、图像识别、机器学习等。 2.了解自动驾驶模块组成,掌握控制器、传感器等构建、控制及应用。 3.学会设计自动驾驶小车,自动驾驶场景设计。 4.了解图形化编程及代码编程语言,初步运用人工智能编程语言如 Python 实现问题解决。 5.知道人工智能解决问题的一般过程,尝试设计和开发人工智能教学案例,掌握人工智能项目化学习的教学方法。 6.树立遵守人工智能相关的伦理道德和社会责任的意识。

	单元主题	课时	学习内容或活动	实施建议/要求
学习主题/活动安排	第一单元:走进自动驾驶——了解自动驾驶的发展与应用	1	1.自动驾驶及其发展(1课时)。通过视频或案例的形式,了解自动驾驶的发展,感受自动驾驶的魅力。 2.活动建议:挑战规则并承担风险、换位思考与合作精神,保持好奇并向失败学习。 3.自动驾驶核心技术、无人驾驶——引领未来出行新方式(2课时)学习自动驾驶传感器等相关技术。	从发明思维和发明习惯的培养出发,带领学生体验发明家思维与发明探索过程。在发明家习惯课时中,注重让学生在项目学习中体验和感悟,发明家行动内容,侧重实施过程中方法论强化,能够让学生总结出一般项目发明研究的过程。
	第二单元:初探自动驾驶——学习自动驾驶小车和 Python 编程	3	1.明确角色分工、确定项目内容。 2.自动驾驶小车组成。 3."视界 Cam"硬件学习。 4.程序设计——Python 编程。 5.实用的驾驶技术(启动加速、靠边停车、S 弯、路口掉头)。 6.智能驾驶。	根据学生特点,通过引导学生对角色的理解的基础上,完成角色分工,核心要点是,对应角色学生感兴趣。 课程实施中,充分发挥学生的自主性,以学习单形式促进学生有效开展学习内容。活动单作为评价的重要指标。

续表

	单元主题	课时	学习内容或活动	实施建议/要求
学习主题/活动安排	第三单元：自动驾驶程序设计与工程设计	3	1.自动驾驶工程设计：自动驾驶小车方案设计（3课时）以不同角度来发现探究问题；通过头脑风暴讨论，根据自动驾驶地图定义需求；最终确定构思方案，组员达成一致意见。 2.自动驾驶程序设计。 3.自动驾驶实践。	整个过程中注重学生问题信息的反馈，引导学生自主交流思考，不限制学生思考范围，通过探究引导，让学生实施引导学生充分关注个人角色的树立，课借助课余时间进行自动驾驶程序编写、调试和实践。
	第四单元：自动驾驶竞赛	1	1.自动驾驶场景与方案设计。 2.赛道描述与分析。 3.路径规划、编程调校和编排。 4.优化、整合、排练。 5.自动驾驶的利与弊，破解自动驾驶道德伦理难题。	团队展示注重团队协同，有对应的评分标准。注重自动驾驶场景和方案的设计。
学习评价			"自动驾驶与Python编程"课程的评价以促进学生发展为根本目的，根据课程的基本目标展开具体评价。充分发挥评价对学生学习行为的激励和导向功能，及时、全面地了解学生的学习状况，指导学生的学习行为，通过自评、互评等方式，引导学生主体意识的发展，培养学生积极参与评价的意识和能力，教师应科学认识课程评价的各项结果，合理地设计和调节教学过程与方法。 （一）过程性评价与总结性评价 　　信息科技拓展课程强调实践性，注重对学生进行过程性评价。过程性评价应有一定的标准，但标准要有所侧重，不宜过于复杂。评价标准可以在活动前提出，也可以在活动过程中由师生共同确定。 　　过程性评价主要包括学生作品的收集与评价、学生活动过程的现场观察与记录等形式。可以建立学生档案袋，以记录学生发展的过程。 　　过程性评价的结果一方面可以作为教师个别指导的依据，另一方面也可以作为学生反思回顾学习过程、促进自身发展的依据。 　　总结性评价要强调对教学和学习的诊断、激励和促进作用。总结性评价可以采用展示作品的方式，通过学生演示、宣讲和接受答辩等形式引导学生知识与技能、过程与方法、情感态度与价值观、创新能力等方面的提升。 （二）自评与互评相结合 　　自评是由学生自行对自己的学习对照评价标准进行自我的评价。互评是指学生之间通过体验、交流对同伴的项目进行评价，以及教师、家长对作品的评价。 （三）学习评价表 　　可以从科学性、创造性、实用性、团队合作等方面根据项目制定。	
备注			鼓励学生参加人工智能大赛，在课程实施之前引导家长重视学生综合素质培养的重要性。	

项目反思与评价

在"自动驾驶与 Python 编程"项目教学实践结束后,我深感其在发展学生计算思维和促进跨学科主题学习方面的独特价值。此次项目不仅让学生近距离接触并尝试解决自动驾驶这一前沿科技问题,更重要的是,它通过跨学科知识融合,提升了学生的综合素养。

从计算思维的培养角度来看,该项目通过一系列精心设计的任务和挑战,引导学生逐步分析问题、设计算法、编写程序并进行运行调试。例如,在"自动驾驶程序设计与工程设计"这一环节中,学生需要确定自动驾驶功能,并用流程图描述算法,这不仅锻炼了他们的逻辑思维能力,还让他们学会了如何将复杂问题分解为可管理的部分,并设计出解决问题的有效策略。在编程实现阶段,学生更是亲身体验了计算思维在实际问题解决中的应用,通过不断调整和优化程序,深刻体会到了算法与程序设计的魅力。

同时,该项目也促进了跨学科主题学习的深入发展。自动驾驶技术涉及计算机科学、机械工程、电子工程、传感器技术等多个学科领域的知识。在项目实践过程中,学生不仅需要掌握 Python 编程等计算机科学技能,还需要了解传感器的工作原理、车辆的运动控制等机械工程和电子工程的基础知识。这种跨学科的知识融合不仅拓宽了学生的知识视野,还激发了他们对多个学科领域的好奇心和探索欲。

总的来说,"自动驾驶与 Python 编程"项目教学实践在培养学生计算思维和促进跨学科主题学习方面取得了显著成效。然而,也存在一些可以改进的地方。例如,在项目任务设计上,可以进一步增加挑战性,引导学生探索更多自动驾驶技术的前沿应用;在跨学科知识融合方面,可以加强与其他学科教师的合作,共同设计更具综合性的学习任务。相信在未来的教学实践中,我们能够不断完善和优化这一项目,为学生的全面发展创造更多可能。

五、交流与评价

在基于学生计算思维培养的跨学科主题学习实施中,交流与评价是两个至关重要的环节。

(一)交流在跨学科学习中起着桥梁作用

通过交流,学生能够跨越学科界限,分享不同领域的知识和技能。例如,在计算思维与物理学科的结合中,学生可以探讨如何利用算法优化物理实验的数据处理;而计算思维与艺术的结合则可以激发学生的创新思维,创作出独特的数字艺术作品。这种交流不仅有助于拓宽学生的知识视野,还能培养他们的沟通协作能力。教师需要积极引导学生进行跨学科交流,鼓励他们提出问题和分享见解,通过小组合作、讨论等形式,促进思维的碰撞和融合。

(二)评价在跨学科主题学习中同样不可或缺

评价不仅要关注学生的学习成果,更要注重他们的学习过程和学习方法。在计算思维的培养中,教师可以采用多元评价方式,如项目报告、口头报告、作品展示等,来评估学生的跨学科学习成果。同时,过程性评价也是非常重要的,它能够帮助教师及时了解学生的学习进展和问题,从而调整教学策略。在评价过程中,教师应注重学生的自我评价和同伴评价,培养他们的自我反思能力和批判性思维。此外,评价还需要关注学生在跨学科学习中的创新能力、问题解决能力和团队协作能力等综合素养的提升。

交流与评价在基于学生计算思维培养的跨学科主题学习中发挥着重要作用。通过交流,学生能够跨越学科界限,拓宽知识视野;而评价则能够帮助学生了解自己的学习状况,及时调整学习策略,提升综合素养。教师需要精心设计交流活动和评价方式,以促进学生计算思维和其他学科能力的全面发展。

案例(六):初识过程与控制

(一)组织单元

【单元名称】初始过程与控制

针对校园中走廊灯总是忘记关的现象,进一步探究校园走廊灯的有效改造策略,即设计延时关灯功能,实现走廊灯自动关闭,并在此基础上进一步改进走廊灯设计。

本单元围绕真实问题和实际需求,按照解决问题的一般过程,循序渐进地组织学生开展项目化学习。通过使用 mpython 平台和掌控板 RGB 灯的编程控制,模拟灯控系统的设计和改造过程,体验和认识身边的过程与控制,初步认识控制系统的实现过程,体会过程与控制的精妙之处,感受计算机在实现过程与控制中的作用,感受信息科技对生活各方面的重要影响。

(二)单元概述

【对应课程标准的内容要求】

本单元指向课标"过程与控制"模块,通过学习过程与控制中的相关内容,学习了解什么是系统,什么是控制系统,身边的控制系统是怎么样的,能区别手动控制系统和自动控制系统。通过观察身边的真实案例,体验和认识身边的过程与控制,了解过程与控制可以抽象为包含输入、计算和输出三个典型环节的系统。

【相关概念关系图】

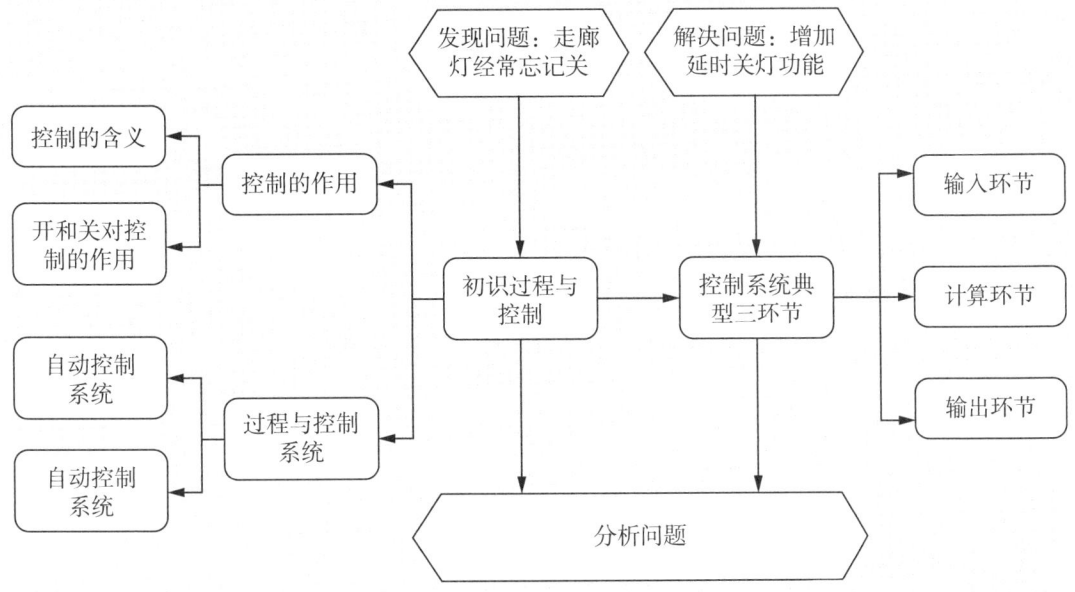

【相关内容结构图】

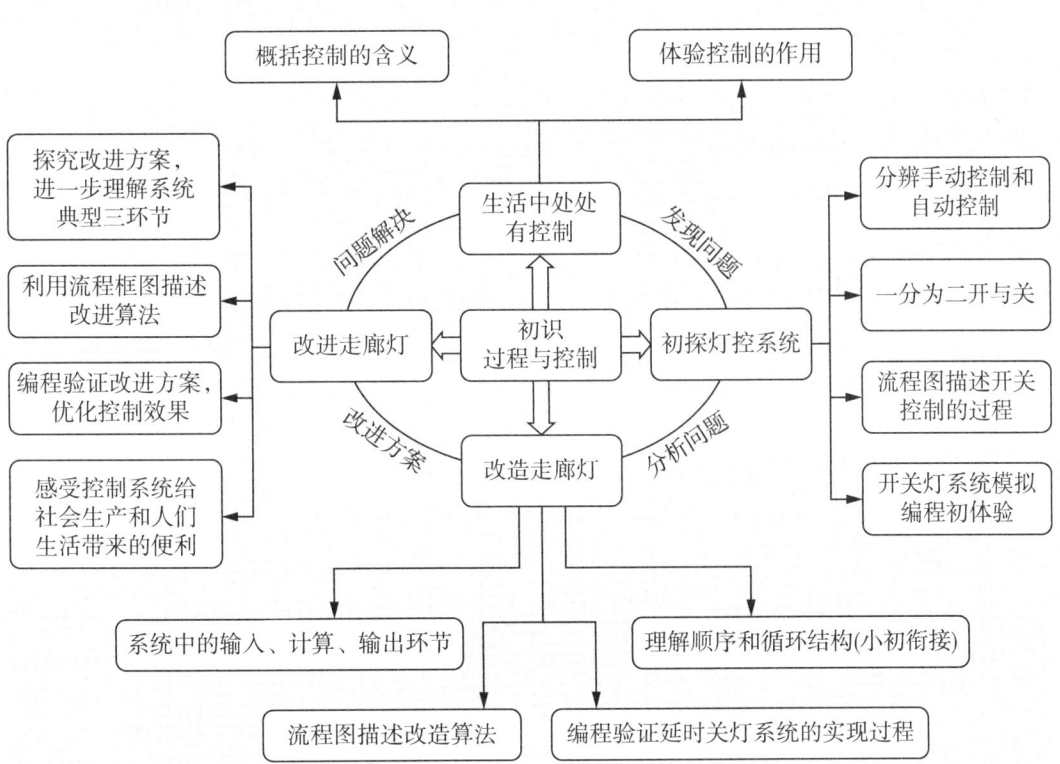

【拓展补充】

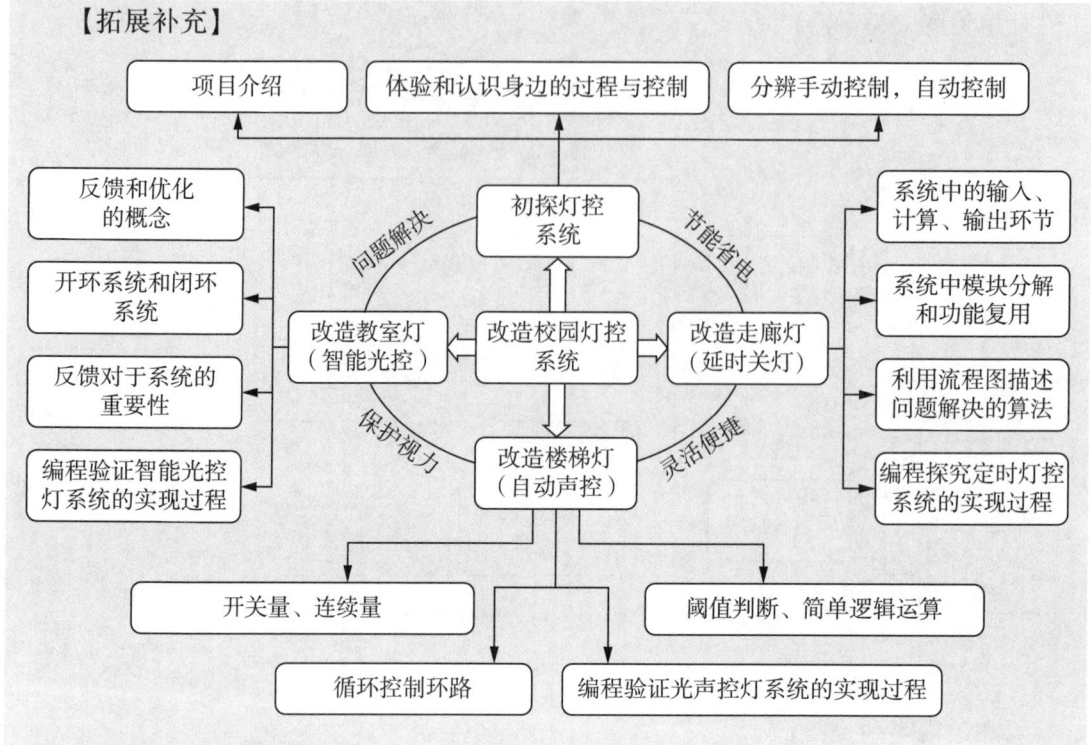

【单元学情分析】

学习基础:本单元的教学对象是六年级学生,该年龄段的学生活泼好动,对一切新事物充满好奇和求知欲,也有一定的生活经验,善于观察并思考生活中的问题。在此之前学生已经学习了计算机基础知识,以及图形化编程的基本内容,对程序的实现过程已经有初步了解。

不足之处:虽然学生在日常生活中经常接触控制体系如空调、开关灯等,但对控制系统的工作过程、原理关注不多,对于过程与控制相关概念和工作原理相对陌生,甚至并不理解。

【单元教学方法】

1. 项目式学习:围绕真实问题和实际需求,按解决问题的一般过程,循序渐进地组织学生开展项目化学习。

2. 探究学习:设计探究学习单,鼓励学生走入生活,发现生活中的过程与控制系统,探究过程与控制带来的便利和优势。

3. 协作学习:以小组形式,通过在线协作文档共同编辑和分享探究成果与学习心得,提升学生信息整理和汇总能力。

4. 平台助力:通过使用 mpython 平台和掌控板 RGB 灯开展编程验证活动,虚拟和真实硬件相结合,深刻体验计算机编程对于过程与控制的实现过程。

(三) 单元目标

1. 通过在实际生活场景中进行开与关的操作,了解开与关对设备状态的影响,知道控制的作用。

2. 通过案例分析,感受开与关组合对设备多种状态的控制过程,进一步了解控制的作用,能用流程图描述开与关操作的过程。

3. 初步了解设备内部的过程与控制,知道很多电气设备是过程与控制系统(简称为"控制系统"),知道控制系统普遍存在于社会生产和人们生活当中。

4. 通过对控制系统案例的分析,了解控制系统工作时的三个典型环节,并能结合系统案例说出输入和输出,能用开源硬件或者虚拟仿真工具完成简单的控制任务。

5. 通过实例感受控制系统给社会生产和人们生活带来的便利。

【表现性评价】

评价指标	具体描述	星级评价
学习态度	积极参与学习,主动思考,按要求完成任务。对学习充满热情,始终都能对所学内容保持兴趣。	☆☆☆
小组合作	能够在课上与小组成员共同思考,积极讨论,为各个环节出谋划策,互相合作完成任务。	☆☆☆
课堂表现	能够积极参与课堂讨论、调查问卷、回答问题,全程参与任务的实施,积极与老师和同学互动。	☆☆☆

【过程性评价指标】

评价指标	具体描述	星级评价
信息意识	有意识选用信息技术解决问题,感受计算机进行过程与控制的精妙之处。	☆☆☆
计算思维	全面、系统、多角度分析问题,能将问题进行拆解,逐一分析,并利用信息科技手段解决问题。	☆☆☆
实践创新	能够开展数字化学习与交流,提出独特且富有创造性的解决方案,熟练开展编程验证。	☆☆☆

【成果性评价指标】

评价指标	具体描述	星级评价
作品效果	程序运行顺利,作品实现了应有的要求和功能,并能有创意和优化的良好效果。	☆☆☆

续表

评价指标	具体描述	星级评价
解决问题	能有意识地总结解决问题的方法,并将其迁移到其他问题求解中。	☆☆☆

(四) 学习过程

课时阶段	活动设计
课前探究	简单介绍项目背景,分发学习单,请学生分不同小组在课后实地考察。 学习单设计:探究生活中的控制系统,生活中的灯控系统,校园中的控制系统,校园中的灯控系统。
生活中处处有控制 第1课时	以小组为单位通过在线协作文档汇总探究成果,并进行汇报。 师生就汇报内容共同归纳概括控制的含义。 设计游戏,体验控制的作用。
初探灯控系统 第2课时	讨论不同灯控系统,辨别自动控制和手动控制。 用流程图描述开与关的操作过程。 编程验证初体验:设计模拟开关灯系统。
改造走廊灯 第3课时	介绍控制系统的输入、计算、输出三个典型环节。 探究改造策略,基于顺序、循环结构,用流程图描述走廊灯增加延时关闭功能的算法。 编程验证走廊灯延时关灯功能。
改进走廊灯 第4课时	进一步分析第3课时"改造走廊灯"程序中系统控制的典型三环节。 针对系统的输入、计算、输出,合作探究改进方案(学习单),例如实现熄灭前有提醒功能等。 修改上一课时程序积木,运行调试程序,进一步改进控制效果。

(五) 总结和反思

1. 挖掘真实需求,以真任务促"真学习",实现知识与育人有机融合

信息科技与现实世界密不可分,在学生的生活和学习经验中挖掘真实需求,开展为解决真实问题而设计的学习活动,可以使学生始终保持探究学习的兴趣,拥有克服学习困难的勇气。由"真需求"引起"真问题",由"真问题"布置"真任务",由"真任务"促进"真学习",能有效激发学生求知欲,引导学生构建知识体系,及时掌握适应当代社会的必备品格和技能,真实感受信息科技的价值,在信息社会中健康成长,与时俱进。

2. 尝试逆向设计,以结果为导向过程,促进教学评一致性

大单元教学往往由多课时构成,如果一开始没有结果导向,在较长的单元教学实施过程中容易茫然失措,造成低效率学习,还可能偏离初衷。逆向设计注重"以目标为始",通过目标设计的过程想明白学生应有什么学习结果,获得学习结果需要经历怎样的过程与方法,形成什么样的核心素养。逆向设计注重"以评价先行",不妨三思而后行:学习成果如何评价、阶段探究的成效如何评估、优秀的探究成果是怎样的,将这些问题与目标结合起来,做好定性定量的设计,为学习过程提供线索,为课堂教学提供方向,有效促进教学评一致性。

3. 注重问题解决,以任务群关联学习内容,形成大单元整体架构

大单元教学更注重设计学生为解决问题而进行的学习行为,一方面以大项目为支架,为学生创设能经历问题解决的真实情境;另一方面以问题为线索,组织学生探究解决一系列真实的问题,激发学生探索欲望,启发学生对单元知识结构进行整体思考。大单元围绕问题解决构建单元任务群:从单元核心问题—课时问题—子问题—情境问题,逐层细化形成问题链,在问题链上布置相应的单元任务—课时任务—评价任务—学习任务,从而形成任务群。单元任务群促使单元学习内容有效关联,形成大单元的整体构架和有效思维导航。

第三节 跨学科主题学习怎么评价

跨学科主题学习评价需多维度考量:知识整合与应用能力,评估学生能否跨学科解决问题;批判性思维与问题解决能力,关注学生分析复杂情境、提出并验证假设的能力;团队协作与沟通能力,强调团队中的角色贡献与有效交流;技术工具与信息素养,评价学生运用现代技术收集、处理信息的能力;情感态度与价值观,考查学生的责任感、同理心及对问题的价值判断。综合评价旨在促进学生综合素养与创新能力的全面发展。

一、计算思维与跨学科主题学习评价

1. 基于真实情境的评价

跨学科主题学习评价应注重真实情境的应用。教师应设计与学生生活、学习经验紧密相关的数字化场景问题,以此为出发点构建真实的学习主题和情境。通过引导学生解决这些问题,评价他们在实际情境中运用计算思维的能力。例如,在"在线学习资源分享"动中,教师可以结合学生正在学习的课程内容,让他们利用信息科技手段分析问题、分享资源,并在此过程中体验计算思维过程。

2. 分解复杂问题的评价

跨学科主题学习评价应关注学生对复杂问题的分解和解决能力。教师应鼓励学生将复杂问题拆解成若干小问题,逐一分析并寻求解决方案。这种分解问题的能力是计算思维的重要组成部分。在评价过程中,教师可以通过观察学生如何分解问题、如何运用所学

知识解决问题,来评估他们的计算思维能力。例如,在规划参观也是野生动物园的活动中,教师可以引导学生分解问题,考虑天气、交通、用餐等因素,并据此给出合理的出行建议。

3. 知识迁移与创新的评价

跨学科主题学习评价还应重视学生的知识迁移与创新能力。通过跨学科主题学习,学生需要将不同学科的知识融合起来,形成新的认知和理解。在评价时,教师应关注学生是否能够将所学知识迁移到新的情境中,是否能够通过创新性的思考解决问题。这种知识迁移与创新能力是计算思维的高级表现。例如,在编程教学中,教师可以设计不同层次的编程任务,让学生根据自己的实力有选择性地完成,从而在不断挑战中提升计算思维能力。

因此,跨学科主题学习的评价应基于真实情境、关注复杂问题的分解以及知识迁移与创新能力的发展,以此来有效促进学生计算思维的提升。

二、确定评价框架

跨学科主题学习的评价框架构建是确保学习成效全面评估的关键。一个有效的评价框架应当综合考虑知识掌握、技能应用、创新思维、团队协作等多个维度,以反映跨学科学习的复杂性和综合性。评价形式如观察记录、项目报告、口头汇报、同伴评价、教师评价、自我反思等,以多元化的方式收集学生学习的全方位信息。

表 4-1 跨学科主题学习评价框架

评价指标	优秀 (16—25 分)	良好 (11—15 分)	合格 (6—10 分)	需努力 (0—5 分)	评价
学科核心知识理解					
跨学科知识整合能力					
问题解决策略					
创新思维表现					
团队协作能力					

该框架旨在全面而深入地评估学生在跨学科主题学习中的表现与成长。通过明确评价指标,我们确保了评价内容的全面覆盖,不仅关注学生对单一学科知识的掌握,更重视其跨学科整合能力、创新思维和团队协作等软技能的发展。多元化的评价形式则有助于从多个角度收集学生的学习数据,确保评价的客观性和准确性。最终,该评价框架将为教师提供有力的反馈工具,促进教学改进;同时,也将激励学生积极参与跨学科学习,促进其全面发展。

三、明确评价内容

跨学科主题学习的评价内容需要从多个维度进行全面而深入的探讨，以确保能够准确反映学生在复杂学习过程中的表现与成长。以下从五个方面进行阐述。

1. 知识整合能力

跨学科主题的核心在于知识的交叉与融合。评价时，应关注学生是否能够将不同学科的知识点有效连接起来，形成新的理解和认识。例如，在探讨"可持续城市设计"这一主题时，学生需要整合地理、环境科学、城市规划、经济学等多学科知识，分析城市发展的挑战与机遇，提出创新的设计方案。通过项目报告或口头汇报，教师可以评估学生知识整合的广度和深度。

2. 问题解决能力

跨学科学习鼓励学生运用综合知识解决现实问题。评价时，应关注学生面对复杂问题时的思维方式、解决策略及实施效果。比如，在研究"食品安全与公众健康"主题时，学生需要收集数据、分析案例、设计调查问卷或实验，最终提出改善食品安全的建议。通过这一过程，教师可以评价学生的问题识别、分析、解决及评估能力。

3. 创新思维

跨学科学习鼓励学生跳出传统框架，提出新颖观点或解决方案。评价时，应关注学生是否敢于质疑现有理论、勇于尝试新方法，并能否在作品中体现出独特的创意。比如，在"未来教育模式探索"项目中，学生可能提出结合虚拟现实、人工智能等技术的创新教学模式。通过项目展示和同伴评价，可以评估学生的创新思维能力和创意实现水平。

4. 团队协作能力

跨学科项目往往需要团队合作完成。评价时，应关注学生在团队中的角色定位、沟通协作能力、冲突解决策略及团队贡献度。例如，在"社区绿色空间改造"项目中，学生需要分组设计并实施改造方案。教师可以通过观察记录、团队自评和互评等方式，评估学生的团队协作能力及其对团队目标的贡献。

5. 自我反思与学习能力

跨学科学习强调学生的自主学习和反思能力。评价时，应关注学生是否具备批判性思维，能否对自己的学习过程进行有效反思，并据此调整学习策略。例如，在完成跨学科项目后，要求学生撰写学习日志或反思报告，总结学习过程中的收获与不足，提出改进建议。通过这些材料，教师可以评估学生的自我反思能力和持续学习的动力。

跨学科主题的评价内容涵盖了知识整合能力、问题解决能力、创新思维、团队协作能力以及自我反思与学习能力等多个方面。通过综合评估这些方面，可以全面而深入地了解学生在跨学科学习中的表现与成长。

四、选择评价方式

基于计算思维培养的跨学科主题学习,是近年来教育领域的一个热门话题,它旨在通过融合不同学科的知识与技能,引导学生在解决复杂问题的过程中,锻炼和提升计算思维能力。有效的评价方式对于监测学生计算思维的发展至关重要,它不仅能反映学生的学习成效,还能为教学提供反馈,促进教学方法的持续优化。以下从五个方面阐述合适的评价方式。

1. 项目化学习评价

项目化学习(Project-Based Learning,PBL)是培养计算思维的有效途径之一。评价方式应侧重于项目完成的过程与成果,包括问题的定义、分析、设计解决方案、实施及反思等阶段。通过评估学生在这些阶段中的表现,可以全面了解其计算思维的发展情况。例如,设计一个跨学科项目——"智能环保城市设计",学生需跨学科(如地理、信息技术、环境科学)合作,利用编程技术、数据分析工具设计一款应用软件,以监测城市垃圾处理效率并提出优化方案。评价时,教师可观察学生在定义问题(如识别城市垃圾处理的痛点)、设计方案(运用算法思维优化路径)、实施(编程实现功能)及反思(评估效果,提出改进意见)过程中的表现,通过项目报告、演示及同伴评价等多种方式进行综合打分。

2. 任务挑战评价

设置一系列具有挑战性的任务,要求学生运用计算思维解决,通过任务完成情况来评价其能力。这种评价方式注重问题的真实性和复杂性,鼓励学生创新思考。例如,在"智能交通系统"跨学科主题中,教师设计了一个挑战任务:设计一个能自动调整红绿灯时长的系统,以减少交通拥堵并确保行人安全。学生需分析交通流量数据,设计算法预测未来交通状况,并编程实现系统。评价时,重点考察算法的有效性、系统的创新性和实施难度等方面,同时鼓励学生展示系统的测试结果和用户反馈。

3. 编程作品评价

编程是实现计算思维的重要工具。通过评价学生的编程作品,可以直接反映其在逻辑思维、问题解决、代码优化等方面的能力。例如,在"健康数据分析"跨学科项目中,学生需收集个人健康数据(如步数、睡眠质量等),利用 Python 编写程序进行数据清洗、分析和可视化。评价时,教师可关注学生的数据处理能力(如异常值处理)、算法选择(如聚类分析识别健康模式)、代码可读性与效率等方面,通过代码审查、项目报告和演示答辩进行综合评价。

4. 同伴互评与自我反思

同伴互评可以促进学生之间的交流和学习,自我反思则有助于加深学生对自己学习过程的认知。这两种评价方式都能增强学生的主体性和批判性思维能力。

例如,在"机器人编程与设计"跨学科课程中,学生分组完成机器人编程任务。项目完成后,小组间进行互评,评估对方的机器人设计合理性、编程效率、创新能力等。同时,每个学生需撰写自我反思报告,总结在编程过程中遇到的问题、解决方法及学到的新知识,并提出自我改进的方向。

5. 长期跟踪评价

计算思维的培养是一个长期过程,需要持续跟踪学生的成长轨迹。通过建立学生成长档案,记录其在不同阶段的学习表现和进步情况,可以更加全面地评价其计算思维的发展。例如,为每位学生建立"计算思维成长档案",记录其在不同跨学科项目中的参与情况、作品展示、同伴与教师评价等信息。定期回顾档案内容,分析学生计算思维各项能力的变化趋势,及时调整教学策略,为学生提供个性化的学习建议和支持。

基于计算思维培养的跨学科主题学习,其评价方式应多元化、综合性,既关注过程也重视结果,既体现学生的知识掌握也展现其能力发展。通过上述五种评价方式的综合运用,可以更加准确地反映学生的计算思维培养成效,促进教学质量和学生学习效果的双重提升。

五、分析评价结果

基于计算思维培养的跨学科主题学习,对于初中学生而言,是提升其逻辑思维、问题解决能力和创新意识的重要途径。选择合适的评价方式,不仅能够准确反映学生计算思维的培养成效,还能为教学提供有价值的反馈。以下从四个方面来阐述如何分析评价结果。

1. 问题解决能力的评估

在跨学科主题学习中,学生的问题解决能力是计算思维培养的直接体现。评估时,应关注学生在面对复杂问题时,是否能够运用分解、抽象、模式识别等计算思维方法,将大问题拆解为小问题,逐步解决。通过观察学生在项目中的表现,如问题定义是否清晰、解决方案设计是否合理、实施过程是否顺畅等,可以评估其问题解决能力的强弱。此外,还可以通过案例分析、项目报告等形式,让学生阐述自己的解题思路和方法,进一步了解其计算思维的应用情况。

2. 逻辑思维与创新能力的考量

计算思维强调逻辑性和创新性。在评价时,应注重考查学生的逻辑思维能力,包括推理、判断、归纳等能力。通过学生提交的编程代码、数据分析报告等作品,可以分析其逻辑结构的合理性、代码的清晰度和效率。同时,创新能力也是不可忽视的方面。鼓励学生提出新颖的解决方案,对原有方案进行改进或优化,通过创新点的展示和讨论,评价学生的创新能力。

3. 团队协作与沟通能力的评价

跨学科主题学习往往要求学生进行团队合作。在评价中,应关注学生在团队中的表现,包括协作能力、沟通能力和责任感等。通过观察学生在项目中的分工合作、意见交流、冲突解决等情况,可以评估其团队协作能力。同时,通过小组讨论、团队汇报等形式,可以进一步了解学生的沟通能力,包括表达清晰度、倾听他人意见的能力等。这些能力对于计算思维的培养同样重要,因为它们有助于学生更好地理解和应用计算思维。

4. 持续学习与自我反思的促进

计算思维的培养是一个持续的过程,需要学生具备持续学习和自我反思的能力。在评价时,应鼓励学生进行自我反思,总结在项目学习中的得失,明确自己的优点和不足。通过撰写反思报告、参与同伴互评等方式,可以促进学生深入思考自己的学习过程,从而不断调整学习策略,提升学习效果。同时,教师也应关注学生的学习动态,及时给予反馈和指导,帮助学生树立持续学习的意识,培养其终身学习的能力。

基于计算思维培养的跨学科主题学习评价方式应多元化、综合化,既关注问题解决能力、逻辑思维与创新能力的评估,又重视团队协作与沟通能力以及持续学习与自我反思能力的发展。通过这些评价方式的应用,可以更加全面、准确地反映初中学生计算思维的培养成效,为教学提供有力的支持。

跨学科课程"慧说校园"评价量表

评价形式与评价主体：

跨学科课程构建了形式多样、主体多元的学习评价体系,从而落实学生计算思维的培养,全方位提升学生的核心素养。跨学科课程涉及的学科、主题以及项目成果内容不一,因此评价形式并不统一。以跨学科课程"慧说校园"为例,本项目从作品质量和学习品质两个方面进行学习评价(见表4-2)。

项目成果评价：

调研报告、视频文案、相关音频、相关视频、相关二维码和发布会 PPT。

学习品质评价：

熟悉主要软件(问卷星、形色、讯飞有声、剪映、草料二维码等)使用方法,了解语音识别、语音合成、机器学习、二维码等概念和原理,形成合作、参与、倾听、沟通等基本技能。

表4-2 跨学科课程"慧说校园"评价量表

评价内容	分值及标准				自我评价	他人评价
	1分	2分	3分	4分		
前期调研	关于用户(学生、家长、教师、访客)需求的前期调研:使用"问卷星"设计问题质量差、数量低于3个的调查问卷,收集5份以内的有效问卷。 对相关项目负责人的访谈活动:设计问题质量较差、数量为1个或没有访谈提纲,现场提问声音含糊、不连贯或未记录访谈要点。 使用"形色""知乎""百度"等软件或平台搜索相关信息。形成100字左右的调研报告。	关于用户(学生、家长、教师、访客)需求的前期调研:使用"问卷星"设计问题质量较差、数量为4个左右或超过16个的调查问卷,收集5至15份有效问卷。 对相关项目负责人的访谈活动:设计问题质量较差、数量为2个的访谈提纲,现场提问声音比较含糊或不太连贯或未记录访谈要点。 使用"形色""知乎""百度"等软件或平台搜索相关信息。形成200字左右的调研报告。	关于用户(学生、家长、教师、访客)需求的前期调研:使用"问卷星"设计问题质量较高、数量较合适(6个或14个左右)的调查问卷,收集15至25份有效问卷。 对相关项目负责人的访谈活动:设计问题质量较高、数量较合适(3个)的访谈提纲,现场提问声音比较清晰、连贯并记录访谈要点。 使用"形色""知乎""百度"等软件或平台搜索相关信息。整合以上内容,形成300字左右的调研报告。	关于用户(学生、家长、教师、访客)需求的前期调研:使用"问卷星"设计问题质量高、数量合适(10个左右)的调查问卷,收集至少25份有效问卷。 对相关项目负责人的访谈活动:设计问题质量高、数量合适(4个)的访谈提纲,现场提问声音清晰、连贯并认真记录访谈要点。 使用"形色""知乎""百度"等软件或平台搜索相关信息。整合以上内容形成400字左右的调研报告。		
文案撰写	会说话的校园对象有两个以上或不明确,撰写100字左右的视频文案。文案没有以校园对象作为第一人称,内容没有反映前期调研成果,表达比较不连贯。 对某一具体校园对象的相关知识、原理、操作方法几乎没有了解。	会说话的校园对象有两个以上或不明确,撰写200字左右的视频文案。文案以校园对象作为第一人称,内容几乎没有反映前期调研成果,内容表达比较生硬。 对某一具体校园对象的相关知识、原理、操作方法等形成零散片面的了解。	确定一个会说话的校园对象(雕塑、工具、植物、场所等),撰写300字左右的视频文案。文案以校园对象作为第一人称,内容反映前期调研一部分成果,比较生动,容易理解。 对某一具体校园对象的相关知识、原理、操作方法等形成比较全面的了解。	确定一个会说话的校园对象(雕塑、工具、植物、场所等),撰写400字左右的视频文案。文案以校园对象作为第一人称,内容反映前期调研的大部分成果,生动形象,易懂有趣。 对某一具体校园对象的相关知识、原理、操作方法等形成比较全面深入的了解。		

续表

评价内容	分值及标准				自我评价	他人评价
	1分	2分	3分	4分		
音频制作	使用"讯飞有声"App复刻自己的声音。对相关概念和原理了解很少。	使用"讯飞有声"App复刻自己的声音；导入视频文案后，用其他主播声音生成音频文件。了解什么是数据。	使用"讯飞有声"App复刻自己的声音；导入视频文案后，用自己的声音（个人主播）生成音频文件。了解什么是语音识别，数据、机器学习的基本原理。	使用"讯飞有声"App复刻自己的声音；导入视频文案后，用自己的声音（个人主播）生成音频文件；用装有Video Download Helper插件的火狐浏览器下载文件的mp3格式备用。了解什么是语音识别，语音合成自然语言处理、数据、机器学习的基本原理。对人工智能技术产生了兴趣。		
视频制作	搜集了很少的素材，视频制作质量很差，或没有制作视频。视频时间不足1分钟或超5分钟。	结合文案内容，搜集了部分相关图片或视频素材，应用自制的音频素材，使用视频制作软件，完成视频制作，图像内容和音频内容匹配程度较差，视频时间不足1分钟或超4分钟。	结合文案内容，搜集比较丰富的相关图片、视频素材，应用自制的音频素材，使用视频制作软件，完成视频制作，图像内容和音频内容匹配程度较好，视频时间为3分钟以内，文件格式为mp4。	结合文案内容，搜集丰富的相关图片、视频素材，应用自制的音频素材，使用"剪映""VN"等视频制作软件，完成视频制作，图像内容和音频内容匹配程度好，视频时间为3分钟以内，文件格式为mp4。		

续表

评价内容	分值及标准				自我评价	他人评价
	1分	2分	3分	4分		
二维码制作	使用"草料二维码生成器"制作含校园对象图片、文字介绍、导航链接（视频网址）、反馈表单中一个要素的二维码。测试效果基本良好。 对二维码的相关知识几乎没有了解。	使用"草料二维码生成器"制作含校园对象图片、文字介绍、导航链接（视频网址）、反馈表单中两个要素的二维码。测试效果基本良好。 了解二维码的基本结构或应用场景。	将视频文件上传至bilibili视频网站，准备好相关图片、视频网址；使用"草料二维码生成器"制作含校园对象图片、文字介绍、导航链接（视频网址）、反馈表单中三个要素的二维码。测试效果基本良好。 了解二维码的基本结构和应用场景。	将视频文件上传至bilibili视频网站，准备好相关图片、视频网址；使用"草料二维码生成器"制作含校园对象图片、文字介绍、导航链接（视频网址）、反馈表单等四个要素的二维码。测试效果良好。 了解二维码的基本结构、原理和应用场景。		
项目发布	用PPT整理项目开发的过程，呈现项目开发的2项以下的成果和收获体会，只有1至2人参与发布。 基本不能根据他人的提问进行交流。	用PPT整理项目开发的过程，呈现项目开发的3项成果（调研报告、视频文案、相关音频、相关视频、相关二维码）和收获体会，只有1至2人参与发布。 基本能根据他人的提问进行交流。	用PPT整理项目开发的过程，呈现项目开发的4项成果（调研报告、视频文案、相关音频、相关视频、相关二维码）和收获体会，大部分团队成员参与发布。 能根据他人的提问进行有一定逻辑和证据的交流。	用PPT整理项目开发的过程，呈现项目开发的全部成果（调研报告、视频文案、相关音频、相关视频、相关二维码）和收获体会，全体团队成员参与发布。 声音清晰洪亮；能根据他人的提问进行有逻辑、有证据的交流。		
合作	大多数时候不知道自己的分工，没有承担该有的职责，融入团队有较大困难。	基本上了解自己的分工，能承担部分职责来解决问题，融入团队有一些困难。	知道自己的分工，能承担大部分职责来解决问题，与大部分成员相处融洽。	能明确分工，主动承担职责、解决问题，与大部分成员相处融洽。		

续表

评价内容	分值及标准				自我评价	他人评价
	1分	2分	3分	4分		
参与	基本不参与，大部分时间没有投入其中，不具有积极性，很少记录研究日志。	有所参与，但是很难投入，积极性不高，只能完成一部分研究日志。	大部分时间参与任务，且基本能积极地投入其中，完成大部分研究日志。	全程参与任务，而且在课堂内外总是积极完成任务，认真记录研究日志，经常反思，寻找更好的解决方案。		
倾听	不会倾听其他组员的意见，因为希望自己的想法被了解。	有时候会倾听，但会打断并迫不及待发表自己的看法。	大部分时间能够倾听组员所发表的意见。	总能够在组员发表意见和提问时认真倾听。		
沟通	基本不与其他组员沟通交流，不能主动提出问题也不能给予反馈。	在其他组员主动发起对话的情况下，能够与组员进行一定的沟通和交流。	能较为频繁地主动发起对话，向组员提出问题并给予反馈。	能与组员们保持持续的沟通交流，维持团队活跃的合作氛围。		

案例(七)：手语翻译系统的设计与实现(人工智能)

项目名称	手语翻译系统的设计与实现		相关学科	信息科技、数学、科学
学校名称	上海市实验学校东校		教师姓名	潘艳东
适用年级	六、七	班额大小 ☐20人左右 ☑30人左右 ☐40人左右	项目总课时	8
项目概述	本项目以《义务教育信息科技课程标准(2022年版)》"人工智能与智慧社会"中的图像识别、机器学习内容为基础，以"为了借书时能用手语与学校图书管理员鲍老师做简单交流"为真实问题，围绕"为满足特定场景或聋哑人的需求，如何实现手语识别？"这一本质问题，引导学生开展基于问题解决的跨学科主题的项目实践活动。			

续表

项目概述	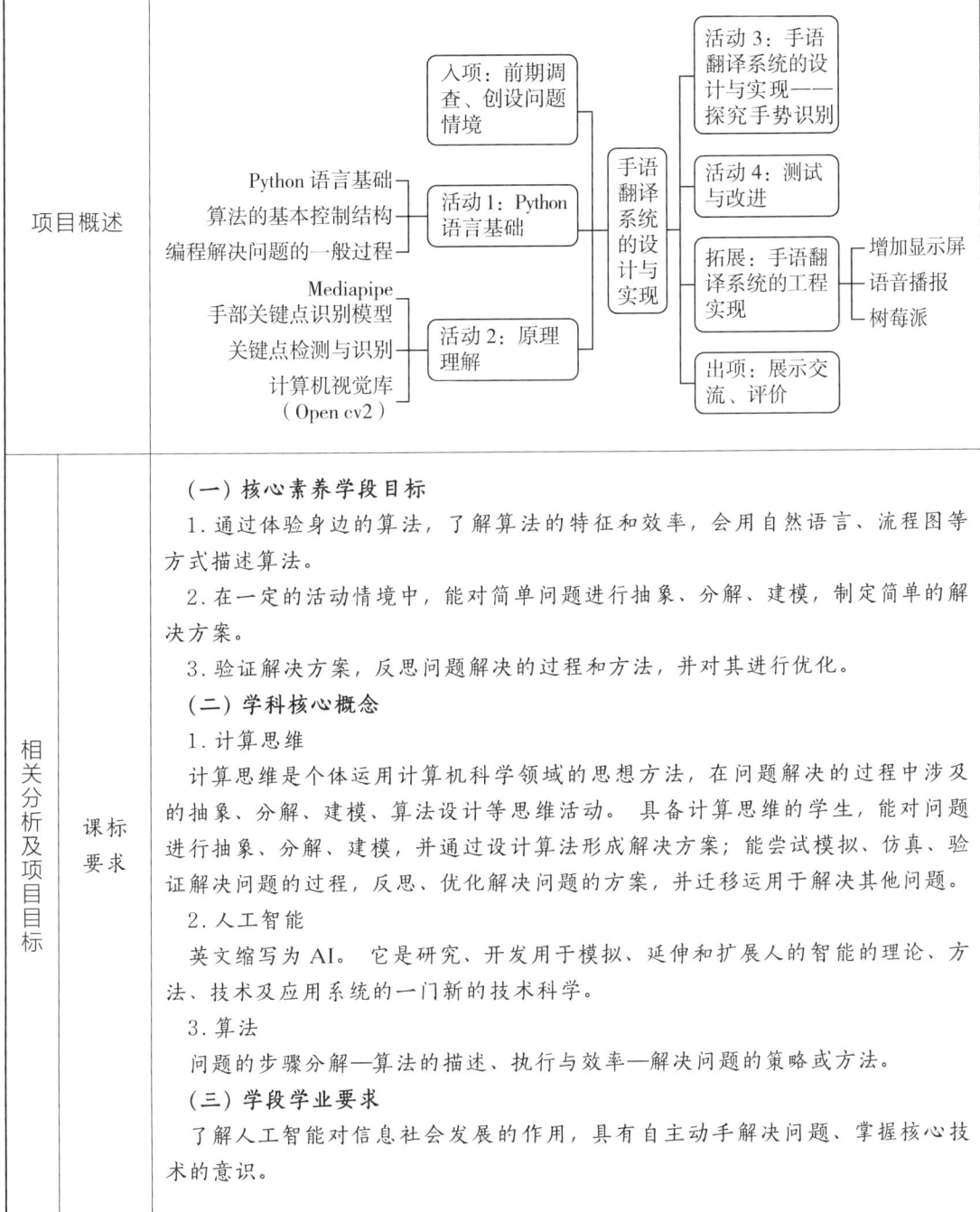		
相关分析及项目目标	课标要求	（一）核心素养学段目标 1.通过体验身边的算法，了解算法的特征和效率，会用自然语言、流程图等方式描述算法。 2.在一定的活动情境中，能对简单问题进行抽象、分解、建模，制定简单的解决方案。 3.验证解决方案，反思问题解决的过程和方法，并对其进行优化。 （二）学科核心概念 1.计算思维 计算思维是个体运用计算机科学领域的思想方法，在问题解决的过程中涉及的抽象、分解、建模、算法设计等思维活动。具备计算思维的学生，能对问题进行抽象、分解、建模，并通过设计算法形成解决方案；能尝试模拟、仿真、验证解决问题的过程，反思、优化解决问题的方案，并迁移运用于解决其他问题。 2.人工智能 英文缩写为 AI。它是研究、开发用于模拟、延伸和扩展人的智能的理论、方法、技术及应用系统的一门新的技术科学。 3.算法 问题的步骤分解—算法的描述、执行与效率—解决问题的策略或方法。 （三）学段学业要求 了解人工智能对信息社会发展的作用，具有自主动手解决问题、掌握核心技术的意识。		

续表

相关分析及项目目标	内容分析	本项目在初中信息科技学科中的内容结构及要求：以数据、算法、网络、信息处理、信息安全、人工智能为课程逻辑主线。其中算法和人工智能是其中两大课程内容。算法也是计算思维的核心要素之一，是人工智能得以普遍应用的三大支柱（数据、算法和算力）之一。本项目中还涉及Python程序语言的学习。 内容分析 ├─ 人工智能 │ ├─ Python程序语言 │ ├─ 图像识别（关键点检测和识别） │ └─ 机器学习 └─ 算法 　 ├─ 算法的描述 　 ├─ 算法的基本控制结构 　 ├─ 真实案例分析 　 ├─ 算法设计 　 └─ 算法的价值与局限
	学情分析	本项目对应学生年级：六年级。 1. 知识储备上，六年级的学生对Python语言基础和人工智能相关知识有初步的积累，已经掌握了变量、列表和赋值等使用方法，了解了算法的三种程序结构，初步用于解决生活中的问题。经过人工智能试点班学习，对人工智能的图像识别、机器学习有一定了解，初步掌握cv2计算机视觉库的使用方法。 2. 在学段特征上，六年级的学生富有好奇心，求知欲强，喜欢新鲜有挑战的课堂活动，能对一些现象进行梳理和简单推导。虽然生活中接触过人工智能的应用，但多数停留在有趣、好玩的层面，对背后的原理和实现方式缺乏了解。因此，通过本项目开展帮助学生揭开人工智能原理的黑盒。
	项目目标	1. 学科核心知识 算法；图像识别；机器学习；人工智能。 2. 学科关键技能 计算思维；数字化学习与创新。 3. 跨学科概念 ☐ 物质与能量　☑ 系统与模型　☑ 结构与功能　☑ 稳定与变化 ☐ 模式　　　　☐ 因果关系　　☐ 尺度、比例与数量 4. 跨学科能力与素养 ☑ 批判性思维　☑ 问题解决的能力　☐ 自我管理能力 ☑ 团队协作的能力　☑ 创新创造的能力　☐ 其他_____
项目成果及展示方式	个人成果	几种常见手势识别程序。
	团队成果	调查研究报告；手语翻译系统1.0版；成果发布演示文稿。
	成果展示方式	小组成果发布；作品功能演示。

续表

问题解决模式	☐ 科学探究模式（提出问题—作出假设—制订计划—搜集证据—处理信息—得出结论—表达交流—反思评价） ☑ 工程设计模式（发现问题—定义问题—设计方案—制作模型—测试改进—展示交流—反思评价） ☐ 其他（请注明）＿＿＿＿＿＿＿＿＿＿			
问题框架	本质问题	如何利用 Mediapipe 手部关键点识别模型实现手语识别？			
^	驱动性问题	东校的图书馆温馨又漂亮，小玲特别喜欢，经常去阅读和借阅书籍，但是每次都碰到一个尴尬的问题：因为图书管理员是一名听障人士，每次都出现交流障碍。为了能与学校图书管理员鲍老师实现简单的手语交流，小玲想：是否可以做一个手语翻译的系统？作为东校人工智能试点班的同学，你可以帮帮小玲吗？			
^	子问题	子问题1：什么是 Mediapipe 手部关键点识别模型？ 子问题2：如何使用计算机视觉库？ 子问题3：手语识别的原理是什么？ 子问题4：如何利用手部关键点检测与识别实现手语识别？ 子问题5：利用编程解决问题的一般步骤是什么？ 子问题6：如何评价手语翻译系统？			
项目流程	项目流程	问题解决阶段	课时	项目内容/学习活动	实施建议/要求
^	入项	发起阶段	1	创设情境：播放《无声的世界》和提出真实问题。 师生互动：分析（界定）问题。 小组讨论：明确问题解决路径。	播放公益片《无声的世界》引发关爱聋哑人等弱势群体的情感，提出真实问题。
^	知识与能力建构	准备阶段	3	活动一：手语翻译系统的设计①——Python 语言学习。 活动二：Mediapipe 手部关键点识别模型。 活动三：手语翻译系统的设计②——探究手势识别。	学习 Python 语音基础知识。 了解计算机视觉库网络探究：手部关键点识别模型。 理解编程解决问题的一般步骤。
^	成果形成与完善	关键阶段	3	活动一：手语翻译系统的设计与实现③。 活动二：测试与优化。 活动三：拓展要求（语音播报、屏幕显示、树莓派）。	分组合作完成手语翻译系统1.0 版，测试与改进。 拓展要求：工程实现。
^	出项	深化阶段	1	展示交流：分组发布成果。 评价反思：互评打分。 迁移应用：特定场景。	成果评价表。

143

续表

学习评价	过程性评价	1. 评价目的 对学生完成手语翻译系统过程中的表现与成果进行针对性的评价，评估学生能力和素养的达成情况，引导学生基于评价量规设计、制作和改进优化作品。 2. 评价方式 Learnsite 自评；教师对学生学习过程进行表现性评价。 3. 评价内容 • 关于学习成果的评价(附学习成果评价表)。 • 关于学习素养的评价(附学习素养评价表)。
	终结性评价	1. 评价目的 对学生完成手语翻译系统的设计与实现活动中的表现与成果进行针对性的评价，评估学生能力和素养的达成情况，引导学生基于评价量规设计、制作和改进优化作品。 2. 评价方式 学生互评、师评。 3. 评价内容 • 关于学习成果的评价(附学习成果评价表)。 • 关于学习素养的评价(附学习素养评价表)。
备注		保证项目高质量实施的其他建议(如课时安排两节连上、利用某个平台开展线上教学等)。

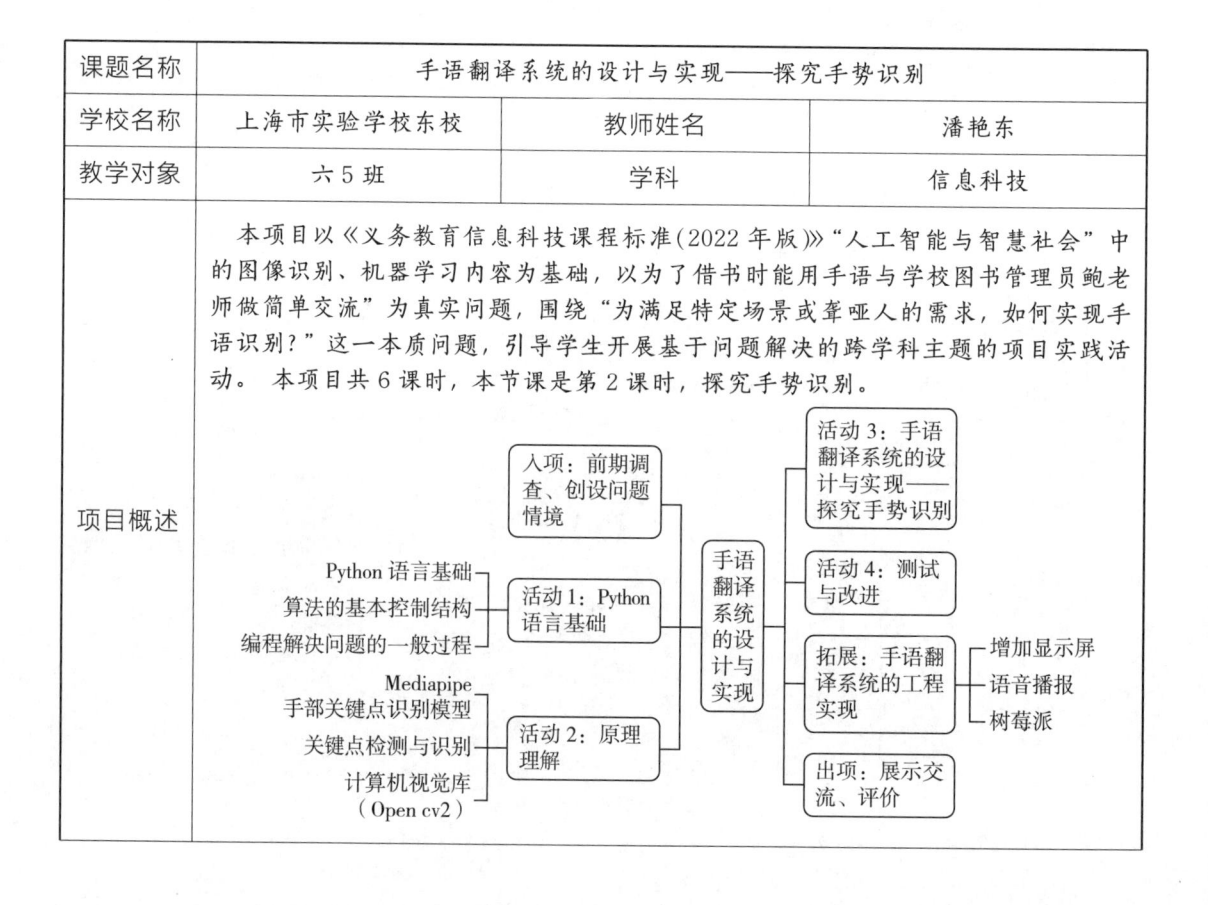

课题名称	手语翻译系统的设计与实现——探究手势识别		
学校名称	上海市实验学校东校	教师姓名	潘艳东
教学对象	六 5 班	学科	信息科技
项目概述	本项目以《义务教育信息科技课程标准(2022 年版)》"人工智能与智慧社会"中的图像识别、机器学习内容为基础，以为了借书时能用手语与学校图书管理员鲍老师做简单交流"为真实问题，围绕"为满足特定场景或聋哑人的需求，如何实现手语识别？"这一本质问题，引导学生开展基于问题解决的跨学科主题的项目实践活动。本项目共 6 课时，本节课是第 2 课时，探究手势识别。 入项：前期调查、创设问题情境 活动 1：Python 语言基础 - Python 语言基础 - 算法的基本控制结构 - 编程解决问题的一般过程 活动 2：原理理解 - Mediapipe 手部关键点识别模型 - 关键点检测与识别 - 计算机视觉库 (Open cv2) 手语翻译系统的设计与实现 活动 3：手语翻译系统的设计与实现——探究手势识别 活动 4：测试与改进 拓展：手语翻译系统的工程实现 - 增加显示屏 - 语音播报 - 树莓派 出项：展示交流、评价

续表

学情分析	1. 知识储备上，六年级的学生对 Python 语言基础和人工智能相关知识有初步的积累，已经掌握了变量、列表和赋值等使用方法，了解了算法的三种程序结构，初步用于解决生活中的问题。经过人工智能试点班学习，对人工智能的图像识别、机器学习有一定了解，初步掌握 cv2 计算机视觉库的使用方法。 2. 在学段特征上，六年级的学生富有好奇心，求知欲强，喜欢新鲜有挑战的课堂活动，能对一些现象进行梳理和简单推论。虽然生活中接触过人工智能的应用，但多数停留在有趣、好玩的层面，对背后的原理和实现方式缺乏了解。因此，通过本项目开展帮助学生揭开人工智能原理的黑盒。
教学目标	1. 理解多分支结构，学会利用流程图分析解决问题。 2. 通过手势"1"等数字和"OK"的编程实践，进一步理解手势识别的原理。 3. 通过抽象、分解问题和算法设计，提高运用编程解决实际问题的能力，发展计算思维。
教学重点与难点	**教学重点：** 理解多分支结构，利用流程图分析解决问题。 **教学难点：** 通过手势"1"等数字和"OK"的编程实践，进一步理解手势识别的原理。
教学方法	**突出重点的方法：** 提供学习支架：学习帮助文件、部分程序代码和学习单等；学习评价。 **突破难点的方法：** 流程图分析问题；学生演示；同伴互助。
教学流程图	情境导入明确目标 → 新知学习分支结构 → 活动探究程序设计 → 思辨探讨反思问题 → 分享交流课堂小结
学习资源与教学技术	**学习资源：** Learnsite 平台学案；学习帮助文件；手势识别部分代码；教学演示文稿；手势识别演示程序。 **教学技术：** Learnsite 在线学习平台；Python；Mediapipe 手部关键点识别模型。

续表

教学环节		学生活动	教师活动	设计意图
教学过程	导入新课（约3'）	（一）发现问题 1. 体验手势识别。 2. 思考回答。	（一）发现问题 1. 邀请学生体验手势识别。 2. 这些手势是如何被识别出来的？引出课题。	通过"手势识别"体验，激发学生求知欲，明确学习目标。
	新知学习（约7'）	（二）分析问题 1. 理解程序代码。 2. 思考回答。 3. 思考回答，并尝试通过修改程序，实现识别数字"1"的手势。 4. 学习 Python 多分支结构，了解其流程图和语法规则。	（二）分析问题 1. 解析程序代码。 2. 说一说：识别出手势"Good"的程序结构。 3. 想一想：如何实现更多手势识别？ 4. 讲解 Python 多分支结构。	理解分支结构逻辑。通过问题，逐步解析手势识别的原理。
	活动一：小试身手（约5'） 活动二：识别OK手势（约15'）	（三）解决问题 1. 从"1—9"中选一个数字，编写识别数字手势程序并调试。 2. 编写识别手势"OK"的程序并调试。 3. 学生分享交流。	（三）解决问题 1. 试一试：从"1—9"中选一个数字，编写识别数字手势程序并调试。 2. 分析：如何实现手势"OK"识别？ 3. 引导学生分享交流。	通过对数字"1"等和"OK"手势特征分析，抽象、分解问题并进行算法设计，发展计算思维。
	活动三：思辨探讨（约7'）	（四）反思问题 1. 分组交流：讨论问题。 2. 交流并填写学习单。	（四）反思问题 1. 你觉得手势识别有哪些应用？这些手势可以满足与聋哑人交流吗？为什么？ 2. 编程解决问题的一般过程是什么？	通过思辨探讨活动，反思问题，进一步理解手势识别的原理，引发深度学习。
	课堂小结（约3'）	（五）小结 1. 分层要求：完成Learnsite平台学习评价。 2. 分享收获，提出问题。 3. 记录课后思考。	（五）小结 1. 分层要求：完成Learnsite平台学习评价。 2. 引导学生总结收获或问题。 3. 布置课后思考活动。	及时的总结有利于新知的回顾。课后拓展，激发学生探究热情。

续表

学习活动单	**手语翻译系统的设计与实现②** ——探究手势识别 班级_____ 姓名_____ **情境导入:手势识别体验** 1.打开"手势识别项目—学生"Python项目,学习体验。 2.思考:这些手势是如何被识别出的? 3.手势"Good"识别的算法程序结构是_____。 **活动一:小试身手** 1.参考手势"Good"实现方法,在"1—9"中选一个数字实现手势识别。 2.思考:如何实现更多的手势识别? **活动二:识别手势"OK"** 1.编写识别"OK"手势代码。 length, info, img = detector.____(lmList1[____][:2], lmList1[____][:2], img) 2.分析并填空。 if length<50 _____ fingers1[2:]==[1, 1, 1] **活动三:思辨探讨** 1.你觉得手势识别有哪些应用?目前这些手势可以满足与聋哑人交流吗?为什么? _____。 2.编程解决问题的一般过程是什么?
学习评价单	主要通过Learnsite平台的学习评价单进行自评。 | 评价指标	目标要求	优秀	良好	合格	需努力
---	---	---	---	---	---
核心知识	能够正确使用Python多分支结构				
理解原理	理解了手势识别的原理是关键点特征检测并识别				
计算思维	能对手势特征进行分析,会运用抽象、分解问题和算法设计解决问题				
分享交流	主动分享自己的作品和想法并能认真倾听他人的观点					
板书设计	课题:手语翻译系统的设计与实现②——探究手势识别 1.多分支结构 2.编程解决问题的一般过程
实践反思	总结成功经验和不足,提出改进设想。

项目反思与评价

从"手语翻译系统的设计与实现"项目设计来看,其在发展学生计算思维和跨学科主题学习方面展现出了显著的特点与价值。

在计算思维培养方面,该项目通过引导学生围绕手语识别的本质问题,进行抽象、分解、建模和算法设计等思维活动。学生需要理解多分支结构,利用流程图分析解决问题,并通过编程实践进一步理解手势识别的原理。这些过程不仅锻炼了学生的逻辑思维和问题解决能力,还培养了他们的计算思维。特别是通过对手势特征的分析,学生学会了如何抽象问题、分解任务,并设计出合适的算法来解决问题。这种基于计算思维的学习方式,有助于学生在未来的学习和工作中更好地应对复杂问题。

在跨学科主题学习方面,该项目融合了信息科技、数学、科学等多个学科的知识与技能。学生不仅需要掌握 Python 语言基础和人工智能相关知识,还需要了解图像识别、机器学习等前沿科技概念。同时,项目还涉及了系统设计、模型构建、功能实现等多个方面的跨学科内容。这种跨学科的学习方式,有助于学生打破学科壁垒,形成更加全面和深入的知识体系。此外,项目还通过实际情境的创设,引导学生关注聋哑人等弱势群体的需求,培养了他们的社会责任感和人文关怀精神。

综上所述,"手语翻译系统的设计与实现"项目在计算思维和跨学科主题学习方面取得了良好的效果。通过该项目的实施,学生不仅掌握了相关的知识和技能,还培养了解决问题的能力和创新精神。这种基于项目的学习方式,有助于激发学生的学习兴趣和探究欲望,促进他们的全面发展。未来,可以进一步优化项目设计,加强跨学科内容的整合和深化,以更好地满足学生的学习需求和发展要求。

本章小结

跨学科主题学习是一种综合性教育模式,它通过整合不同学科的知识和方法,促进学生综合思维和创新能力的培养。在这一教学模式中,计算思维的培养显得尤为重要,因为它提供了一种系统的问题解决框架,帮助学生在跨学科学习中更好地分解问题、识别关键要素并设计解决方案。

本章节内容强调了计算思维与跨学科主题学习设计的紧密联系,指出计算思维的核心概念如问题分解、模式识别、抽象化和算法设计等,为跨学科主题学习提供了理论基础。通过跨学科主题学习,学生能够在解决真实问题的过程中,综合运用计算思维和其他学科知识,培养出独立思考、创新思维和解决问题的能力。

在实施跨学科主题学习时,教师需要明确学习主题和目标,整合多学科知识,并通过分解问题降低问题复杂性。同时,教师应鼓励学生合作创新,利用 AI 等新技术工具和资源,通过问题链引导学习,培养问题解决能力,发展计算思维。评价设计方面,跨学科主题学习的评价应体现多元性、过程性、学生主体性、情境性和综合性等特点,以全面、客观地反映学生的成长和发展。通过科学合理的评价设计,可以激发学生的学习兴趣和动力,促进学生的全面发展。

总体而言,跨学科主题学习通过融合学科内容、强化算法思维、注重项目实践和强调评估与反思,全面促进学生的计算思维发展。这种学习方式不仅能够提升学生的问题解决能力,还能够培养他们的创新思维、团队协作能力和信息素养,为他们的未来发展奠定坚实的基础。

本章回顾与思考

1. 如何整合信息科技与其他学科知识?
2. 计算思维在跨学科学习中的具体应用是什么?
3. 如何通过项目实践提升学生的计算思维技能?
4. 如何评价学生的计算思维发展水平?
5. 如何培养学生的跨学科思维和计算思维?
6. 如何利用信息科技工具和资源促进学生计算思维的发展?

第五章

前沿展望
——新质人才培育的未来学习

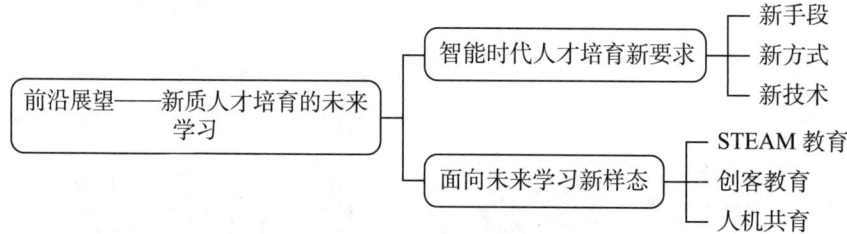

第一节 智能时代人才培育新要求

在智能时代,人才培育面临全新要求。需注重跨学科融合,培养既精通专业知识又具备数据科学、人工智能等技能的复合型人才。强化创新思维与实践能力,鼓励学生探索未知,解决实际问题,适应快速变化的技术环境。同时,提升信息素养与终身学习能力,使学生能有效获取、分析、利用信息,持续更新知识结构。此外,加强伦理道德和社会责任感教育,确保技术发展惠及人类,避免潜在风险。总之,智能时代的人才培育应围绕"全人发展"理念,构建多元化、开放性的教育体系,为社会输送具有创新精神、国际视野和良好品德的未来领袖与专业人才。

一、新手段

智能时代,对于人才的培育提出了更高要求,尤其强调计算思维的培养和跨学科主题学习的融合。初中信息科技教育作为培养未来智能时代人才的重要阵地,需要不断创新教学手段,以适应时代发展的需要。以下从五个方面阐述初中信息科技跨学科主题学习的新手段。

(一)课程内容的整合与优化

智能时代要求信息科技课程不仅要传授基础知识,更要注重跨学科内容的整合与优化。通过将信息技术与其他学科,如数学、物理、艺术等相融合,可以拓宽学生的视野,培养其综合运用知识解决问题的能力。比如,"水资源保护"项目。该项目将信息技术课程与环保教育相结合,学生通过在线搜索了解家乡水源地的信息,使用数据处理软件分析家庭用水数据,设计节水海报等。这一过程不仅涉及信息技术的运用,还融入了地理、环境科学等多学科知识,有效培养了学生的跨学科思维和解决问题的能力。

(二)项目化学习的引入

项目化学习是一种以学生为中心的教学模式,强调通过实际项目来驱动学习。在初中信息科技课程中引入项目式学习,可以让学生在完成具体项目的过程中,锻炼计算思维、创新思维和团队协作能力。比如,"向世界介绍我的学校"项目。学生利用信息技术创建一个介绍学校的网页,包括文字、图片、视频等元素。在项目化学习过程中,学生需要学习网页编程、图像处理、视频剪辑等技能,并考虑如何有效组织和呈现信息。这一过程不仅锻炼了学生的计算思维能力,还培养了他们的创新思维和跨学科整合能力。

(三)计算思维的培养策略

计算思维是智能时代人才不可或缺的核心素养之一。在初中信息科技课程中,应明确计算思维的培养目标,通过编程教学、算法设计等方式,逐步提升学生的计算思维能力。

比如,编程课程中的"解谜游戏"项目。学生通过编写程序来设计一个解谜游戏,如迷宫逃脱、密码破解等。在编程过程中,学生需要分析问题、设计算法、调试程序,这一系列过程正是计算思维训练的关键环节。通过此类项目,学生可以深入理解计算思维的核心概念,并在实践中不断提升自己的思维能力。

（四）人工智能技术的融入

随着人工智能技术的快速发展,将 AI 技术融入初中信息科技课程已成为必然趋势。通过让学生接触和了解 AI 技术,可以激发他们的学习兴趣,培养他们的创新精神和未来竞争力。比如,利用 AI 大模型工具进行创意海报设计。在"水资源保护"项目中,学生可以利用 AI 多模态大模型工具,如 ChatGPT 等,辅助设计节水主题海报。通过输入关键词或描述,AI 工具可以生成多种创意方案,供学生选择和修改。这一过程不仅锻炼了学生的设计能力,还让他们亲身体验了 AI 技术的魅力。

（五）心理健康教育与情感教育的关注

在智能时代,学生的心理健康和情感教育同样重要。信息科技课程应关注学生的心理状态,通过团队合作、项目展示等方式,增强学生的自信心和抗压能力,培养他们的团队合作精神和积极向上的人生态度。比如,团队合作与分享环节。在"向世界介绍我的学校"项目中,学生需要分组合作完成网页制作任务。在项目开展过程中,教师鼓励学生多交流、多分享,共同解决遇到的问题。同时,通过项目展示环节,让学生展示自己的成果,接受他人的评价和建议。这一过程不仅锻炼了学生的团队合作能力,还增强了他们的自信心和抗压能力。

初中信息科技跨学科主题学习的新手段包括课程内容整合优化、项目式学习引入、计算思维培养、人工智能技术融入以及心理健康与情感教育关注五个方面。通过这些新手段的实施,可以有效提升初中学生的信息素养和计算思维能力,为他们在智能时代的发展奠定坚实的基础。

二、新方式

智能时代的浪潮对人才培育提出了前所未有的新要求,尤其是计算思维的培养,成为教育体系中不可或缺的一环。初中信息科技教育作为培养学生计算思维与跨学科能力的关键阶段,亟须探索新的学习方式以适应时代的需求。以下从四个方面阐述初中信息科技跨学科主题学习的新方式。

（一）情境化学习:构建真实世界的计算思维应用场景

情境化学习通过将学习内容嵌入真实或模拟的情境中,使学生能够在解决实际问题的过程中自然而然地运用计算思维。在信息科技课程中,可以设计贴近学生生活或社会热点的跨学科主题,让学生在解决这些真实问题的过程中,锻炼计算思维。比如,"智慧城市"项目。该项目融合了信息技术、城市规划、环境保护等多个学科。学生被要求为某虚拟城市设计一套智能交通系统,包括路线规划、信号灯控制、公共交通优化等。在项目实施过程中,学生需要运用计算思维分析数据、设计算法、模拟测试,最终提出解决方案。这种情境化的学习方式不仅激发了学生的学习兴趣,还让他们在实践中深刻理解了计算思维的应用价值。

(二)项目化学习:以项目为载体培养跨学科整合能力

项目式学习强调通过完成具体项目来驱动学习,鼓励学生主动探索、合作创新。在信息科技跨学科主题学习中,可以设计跨学科的项目任务,让学生在完成项目的过程中,综合运用多学科知识,培养跨学科整合能力和计算思维。比如,"智能农业"项目。该项目结合信息技术、生物学、地理学等学科,要求学生设计一套智能农业系统,以提高农作物产量和品质。学生需要调研农作物生长条件、设计传感器网络监测环境参数、编写程序控制灌溉和施肥等。在项目开展过程中,学生不仅掌握了信息技术的基本技能,还学会了如何将生物学、地理学等知识应用于实际问题解决中,有效促进了跨学科整合能力和计算思维的发展。

(三)编程教育:以编程为核心强化计算思维训练

编程是锻炼计算思维的重要载体和工具。在信息科技课程中加强编程教育,可以让学生通过编写程序来锻炼逻辑思维、算法设计和问题解决能力,从而深化计算思维的培养。比如,"编程解谜"课程。该课程通过一系列精心设计的编程谜题,引导学生逐步掌握编程基础知识和技巧。每个谜题都涉及不同的计算思维要素,如条件判断、循环控制、函数定义等。学生在解谜的过程中,需要运用计算思维分析问题、设计解决方案、调试程序。这种寓教于乐的方式不仅提高了学生的编程能力,还让他们在轻松愉快的氛围中培养了计算思维。

(四)协作与分享:在团队合作中促进思维碰撞与成长

协作与分享是智能时代人才不可或缺的素养之一。在信息科技跨学科主题学习中,鼓励学生组成团队共同完成任务,可以促进他们的思维碰撞和相互学习,进一步提升计算思维水平。比如,"未来教育"创新大赛。学校组织一场跨学科的创新大赛,主题是"未来教育"。学生自由组队,结合信息技术、教育学、心理学等多学科知识,设计一款面向未来的教育产品或解决方案。在准备过程中,团队成员需要分工合作,共同讨论设计方案、编写代码、制作演示文稿等。通过团队协作和不断分享交流,学生不仅提高了自己的计算思维能力,还学会了如何与他人有效沟通和协作,为未来的职业发展奠定了坚实的基础。

智能时代要求初中信息科技教育强化计算思维培养与跨学科整合。通过情境化学习、项目式任务、编程教育及团队协作，学生在解决真实问题中锻炼计算思维，融合多学科知识，提升综合素养，为适应未来智能社会做好准备。

三、新技术

智能时代的浪潮对人才培育提出了全新的要求，特别是对计算思维的培养，成为初中信息科技教育的重要目标之一。为了有效促进学生计算思维与跨学科能力的发展，信息科技教育领域正积极探索并应用新技术于跨学科主题学习中。以下从五个方面阐述这些新技术。

（一）人工智能辅助教学工具的应用

人工智能技术的快速发展为教育带来了革命性的变化。在初中信息科技跨学科主题学习中，引入 AI 辅助教学工具，如智能助教、自适应学习平台等，可以为学生提供个性化的学习路径和资源推荐，同时辅助教师进行学情分析和教学策略调整，从而提升教学效率和学生计算思维能力。比如，利用智能助教进行编程教学。智能助教能够根据学生的学习进度和表现，自动调整编程任务的难度和复杂度，为每位学生提供最适合自己的学习路径。在解决编程难题时，智能助教还能提供即时的反馈和提示，引导学生逐步构建算法思维，深化计算思维的培养。

（二）虚拟现实与增强现实技术的融入

虚拟现实（VR）和增强现实（AR）技术为学生提供了沉浸式的学习体验，使他们能够在虚拟或增强的环境中进行探索和学习。在信息科技跨学科主题学习中，利用 VR/AR 技术可以构建逼真的学习场景，让学生身临其境地感受计算思维在解决实际问题中的应用。比如，通过 VR 技术模拟历史考古现场。在"数字考古"跨学科主题学习中，学生佩戴 VR 头盔，仿佛置身于古代遗址之中，利用信息技术手段进行文物挖掘、修复和数据分析。这一过程中，学生需要运用计算思维来规划挖掘路线、分析数据、构建三维模型等，从而深入理解计算思维在考古研究中的重要性。

（三）大数据与数据分析技术的应用

大数据技术的兴起为教育数据的收集、分析和应用提供了可能。在初中信息科技跨学科主题学习中，利用大数据和数据分析技术，可以对学生的学习行为、学习成效等进行全面跟踪和分析，为个性化教学和精准干预提供依据。同时，通过引导学生参与数据分析项目，可以培养他们的数据处理能力和计算思维。比如，开展"校园能耗监测与优化"项目。学生利用传感器收集校园内各区域的能耗数据，并通过数据分析软件对数据进行处理和分析。他们需要运用计算思维来识别能耗异常区域、分析能耗原因，并提出节能优化方案。这一过程中,学生不仅掌握了数据分析的基本技能,还学会了如何将计算思维应用于实际问题解决中。

(四)云计算与在线协作平台的利用

云计算技术的普及为教育资源的共享和在线协作提供了便利。在初中信息科技跨学科主题学习中,利用云计算和在线协作平台,如 Google Docs、GitHub 等,可以打破时间和空间的限制,让学生随时随地参与学习和讨论。同时,这些平台还提供了版本控制、代码审查等功能,有助于培养学生的团队协作能力和计算思维。比如,开展"开源软件开发"项目。学生分组合作,利用 GitHub 等在线协作平台共同开发一款开源软件。在项目开展过程中,他们需要运用计算思维来规划软件架构、设计算法、编写代码等。同时,他们还需要利用平台提供的版本控制功能来管理代码变更,利用代码审查功能来提升代码质量。这一过程不仅锻炼了学生的编程能力,还培养了他们的团队协作精神和计算思维。

(五)物联网技术的实践与探索

物联网技术作为智能时代的重要组成部分,为学生提供了与物理世界互动的新途径。在初中信息科技跨学科主题学习中,引入物联网技术,可以让学生通过设计和制作物联网项目来感受计算思维在物联网领域的应用。比如,设计"智能校园"物联网项目。学生分组合作,设计并实现一个智能校园系统,包括智能照明、智能安防、智能环境监测等多个子系统。在项目开展过程中,他们需要运用计算思维来规划系统架构、设计传感器网络、编写控制程序等。同时,他们还需要考虑系统的稳定性、安全性以及用户体验等因素。这一项目不仅让学生深入了解了物联网技术的原理和应用场景,还培养了他们的创新思维和计算思维。

智能时代为初中信息科技跨学科主题学习带来了诸多新技术和新机遇。通过应用人工智能辅助教学工具、虚拟现实与增强现实技术、大数据与数据分析技术、云计算与在线协作平台以及物联网技术等新技术手段,我们可以有效促进学生计算思维与跨学科能力的发展,为培养适应未来社会需求的智能型人才奠定坚实基础。

案例(八):AIScratch 制作鲜花识别机器人

一、背景分析

(一)教材分析

本课属于(试用本)《初中信息科技学科》的第四单元《新技术学习》第三节《人工智能体验》的内容。本学期,我校信息科技人工智能教学以项目形式开展,该项目的主题为"感受人工智能的魅力",如图1所示,共分三个阶段,6课时,其中"制作鲜花识别机器人"是项目活动的第二阶段的第1课。此项目的开发源于我校开展的市重点项目"基于区域特色的学校综合课程创造力研究和实践"。本节课主要介绍了利用AIScratch软件开发人工智能程序——鲜花识别机器人,引导学生了解人工智能应用背后的人工智能技术和工作原理。通过学习,学生了解机器学习的工作原理,体验图像识别基本过程,并通过问题分解、抽象模型、算法设计,逐步提升计算思维能力,落实信息科技学科核心素养。

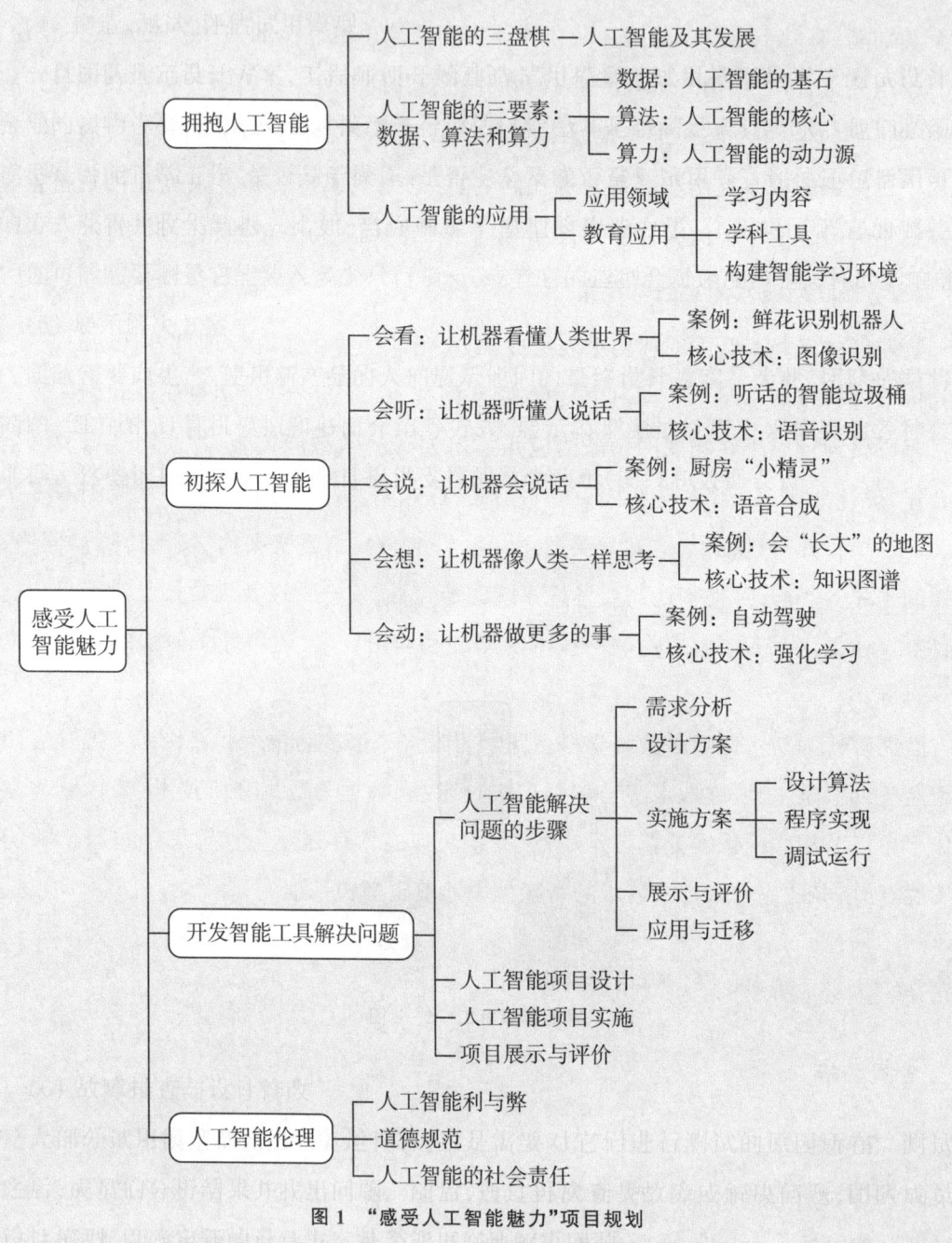

图1 "感受人工智能魅力"项目规划

（二）学情分析

本节课教学对象是上海市实验学校东校六年级的学生，为更好地了解学情，前期访谈了部分学生，发现学生均未接触过人工智能类课程，仅在生活中看过智能应用，对于人工智能的知识储备不多。

技能基础：熟练使用移动设备，能较为熟练地使用 LeaRsite 平台、Scratch 编写程序。

生活经验：见过或体验过图像识别技术，如形色 App、刷脸支付、解锁手机等。

年龄特征：求知欲强，喜欢新鲜有挑战的课堂活动，部分学生注意力难以长时间集中。

二、教学目标

（一）知识与技能

1. 了解机器学习的原理，理解"学习"与"预测"在图像识别中的作用。
2. 能够正确运用 AIscratch 图像分类、语音合成等模块，制作人工智能作品。

（二）过程与方法

1. 通过在线体验，了解图像识别的关键技术，体验图像识别的过程。
2. 通过实践探索，学会问题解决的方法，即分解、抽象、算法，逐步提升计算思维能力。

（三）情感态度与价值观

感受人工智能技术对生活和学习带来的影响，进一步激发学生学习人工智能的兴趣。

三、教学重点与难点

教学重点：初步了解图像识别的过程。

教学难点：理解"学习"与"预测"在图像识别中的作用。

四、教学过程

教学环节	教学活动 教师活动	教学活动 学生活动	设计意图
导入新课	环节一：新课导入 1. 谈话引入：你认识这些花吗？ 2. 问：同学们知道这些工具背后的原理吗？ 3. 引出课题：制作鲜花识别机器人。	引入：明确目标 1. 交流。 2. 聆听问题，积极思考作答。 3. 了解本节课的学习目标。	通过谈话交流快速引发学生兴趣，激发求知欲。 通过提问揭示本节课的课题，明确学习任务。

续表

教学环节	教学活动 教师活动	教学活动 学生活动	设计意图
在线体验	环节二：组织在线识图体验 1. 组织学生体验百度识图功能。 2. 问：百度 AI 是怎样识别出来的？ 3. 提示：预测是有准确率的，也有识别错误的可能。	活动一：在线体验 1. 在线体验，了解图像识别的基本过程。 2. 思考并回答。 3. 聆听教师讲解。	通过在线体验及教师讲解，引导学生了解识图软件或识图 App 背后的人工智能技术和工作原理。 引导学生了解机器学习原理。
实践探索	环节三：制作鲜花识别机器人 1. 分析制作过程。 2. 演示桃花图片"学习"和"预测"的过程。 3. 介绍 AIScratch 人工智能模块。 4. 引导学生准备数据和编写程序。 5. 总结：数据越多，模型越好，准确性就越高。	活动二：实践探索 1. 理清思路。 2. 观看并思考。 3. 学习图像分类等新技术。 4. 模仿桃花数据集和预测集的程序，编写郁金香等的程序。 5. 聆听并思考。	认识机器识别图片包含两个过程：训练（学习）和推理（预测）。 通过对问题的分解，抽象模型、设计算法，逐步提升计算思维能力。
测试与优化	环节四：测试与优化 1. 引导学生测试程序，改进程序。 2. 优化作品（分层要求）。 3. 引导学生分享作品。	活动三：测试与优化 1. 测一测：同伴互换测试游戏，体会调试程序的重要性。 2. 优化作品。 3. 交流分享作品。	通过同伴互测，找出程序的不足，进一步改进优化作品。及时反馈问题和分享作品。
总结与拓展	环节五：小结 1. 图像识别技术的应用及未来。 2. 引导学生分享收获，提出问题。 3. 布置课后思考，迁移应用。	活动四：交流收获 说一说：交流收获或提出问题。 想一想：思考新问题。	鼓励学生课后收集更多数据集，实现类似的图像识别技术应用的"小产品"。

项目反思与评价

在本项目"AIScratch 制作鲜花识别机器人"中，计算思维的培养得到了充分的体现。通过引导学生分解问题、抽象模型和设计算法，学生不仅学会了如何制作一个简单的鲜花识别机器人，更重要的是，他们在这个过程中锻炼了计算思维。例如，在"实践探索"环节，学生需要理清制作机器人的思路，学习图像分类等新技术，并模仿编写程序。

这一过程要求学生将复杂问题分解为小步骤,逐步解决,从而培养了他们的逻辑思维和问题解决能力。此外,通过测试与优化环节,学生学会了如何调试程序,改进作品,这进一步提升了他们的计算思维能力。

本项目很好地实现了跨学科主题学习。在制作鲜花识别机器人的过程中,学生不仅学习了信息技术和人工智能的知识,还学习了生物学、艺术等多个学科领域的知识。例如,学生需要识别不同种类的鲜花,这要求他们具备一定的植物学知识;同时,为了制作一个美观且实用的机器人,学生还需要考虑外观设计、用户体验等因素,这又与艺术和设计学科紧密相连。这种跨学科的学习方式不仅拓宽了学生的知识面,还促进了他们综合运用各科知识解决实际问题的能力。

因此,本项目在发展学生计算思维和跨学科主题学习方面取得了显著成效。通过具体的项目实践,学生不仅掌握了人工智能的基本知识和技能,还学会了如何运用计算思维解决问题,并能够在跨学科的学习环境中灵活运用各科知识。这种教学方式不仅提高了学生的学习兴趣和积极性,还为他们未来的学习和职业发展奠定了坚实的基础。

第二节 面向未来学习新样态

STEAM教育融合科学(Science)、技术(Technology)、工程(Engineering)、艺术(Art)与数学(Mathematics),旨在培养学生跨学科思维与创新能力,让学生在解决实际问题中激发潜能,适应快速变化的世界。创客教育鼓励学生动手实践,将创意转化为现实,通过项目化学习、设计思维等方法,培养创新思维、团队协作及解决问题的能力,让学生成为未来社会的创造者与贡献者。而人机共育作为新兴趋势,强调人机协同、智能辅助的教学模式,利用人工智能、大数据等技术优化学习路径,提供个性化学习支持,促进学生学习效率与兴趣的双重提升,开启智能教育新篇章。三者共同构成了面向未来学习的重要支柱,推动教育向更加多元、开放、智能的方向发展。

一、STEAM教育

早在1986年,美国国家科学委员会就发表了《本科的科学、数学和工程教育》报告,这被认为是美国STEM教育集成战略的里程碑,指导了国家科学基金会此后数十年对美国高等教育改革在政策和财力上的支持。该报告首次明确提出"科学、数学、工程和技术"教育的纲领性建议,被视为STEM教育的开端。[①] 面向未来学习新样态,STEM教育视角下,信息科技成为跨学科学习的核心纽带。它鼓励学生将科学、技术、工程、艺术与数学有机

---

① 赵中建.为了创新而教育[J].辽宁教育,2012(18):33—34.

融合,通过项目式学习,深入探索信息技术在各个领域的应用。在此过程中,计算思维的培养至关重要,它教会学生如何像计算机科学家一样思考,用算法逻辑解决复杂问题。这种跨学科的学习模式不仅拓宽了学生的知识视野,更激发了创新思维与问题解决能力,为未来社会培养兼具技术深度与人文广度的复合型人才打下坚实基础。

(一) STEAM 教育介绍

STEAM 是科学(Science)、技术(Technology)、工程(Engineering)、艺术(Arts)和数学(Mathematics)英文首字母的缩写,最早由美国国家科学基金会于 2001 年提出,也有另一种提法是"STEM 教育"。两者形式上的差别在于 Art(艺术),而在实际操作和教学层面,两者没有差别,因为艺术美感本身就蕴含于 STEM 中。STEAM 是多学科融合的综合教育模式,这种教育模式打破了传统学科间的界限,旨在通过跨学科的整合学习,培养学生的综合素质、创新思维和解决问题的能力,以适应未来社会的快速发展。从 STEM 到 STEAM 教育的发展历程,可以从以下五个方面进行阐述。

1. STEM 教育的起源与背景

STEM 教育的概念起源于 20 世纪 80 年代的美国。当时,美国国家科学委员会(National Science Board, NSB)深刻认识到高层次创新型人才对社会经济发展的重要性,因此提出了"STEM 教育集成"的建议,并将其发展成为国家战略。STEM 教育的初衷是通过整合科学、技术、工程和数学这四个领域的知识,引导更多学生选择与技术、工程、数学等相关的学科进行深造,从而提高美国在 STEM 领域的人才储备,保持美国在科技创新领域的领先地位。

2. STEM 教育的发展阶段

STEM 教育在美国经历了多个发展阶段。从奠基阶段(1986—2005)到发展阶段(1986—2005 年,此阶段与奠基阶段有重叠,实际应为深化阶段或巩固阶段),再到变革阶段(2010 年至今),STEM 教育逐渐形成了由联邦政府主导,政策法规、各级学校和社会资源共同构建的教育生态系统。2015 年,美国甚至颁布了 STEM 教育法,从国家层面推动 STEM 教育的发展。

3. 从 STEM 到 STEAM 的转变

尽管 STEM 教育在培养科技人才方面取得了显著成效,但人们逐渐认识到,仅仅依靠 STEM 领域的知识和技能是不足以应对未来复杂多变的社会挑战的。因此,在 STEM 教育的基础上,又将艺术(Arts)纳入其中,形成了 STEAM 教育。这一转变最早由美国弗吉尼亚科技大学的 Yakman 教授提出,他认为全面的教育不应忽视对学生人文艺术素养的培养。Art 的加入,不仅丰富了 STEAM 教育的内涵,也促进了学生认知、情感和精神的全面发展。

4. STEAM 教育的核心理念与特点

STEAM 教育强调知识跨界、场景多元、问题生成、批判建构和创新驱动。它鼓励学生以整合的方式学习不同领域的知识,通过实践经验和动手操作来理解概念,解决现实世界的问题。STEAM 教育还注重培养学生的批判性思维、创造力、协作精神和沟通能力等 21 世纪关键技能。这种教育模式打破了传统学科间的壁垒,促进了学科间的相互渗透和融合,为学生提供了更加广阔的学习空间和更多的发展可能。

5. STEAM 教育的全球影响与未来展望

STEAM 教育自提出以来,其理念迅速在全球范围内得到推广和认可。许多国家纷纷将 STEAM 教育纳入国家教育改革战略之中,致力于培养具有创新精神和实践能力的复合型人才。在中国,基础教育课程改革也正向纵深推进,引入 STEAM 教育等跨学科课程,旨在重建课程文化、知识体系和教学模式,以全面提升教育质量和加快创新型人才培养步伐。未来,随着科技的飞速发展和社会的不断进步,STEAM 教育将继续发挥重要作用,为培养适应未来社会需求的综合型人才贡献力量。

(二) STEAM 教育价值、路径和策略

1. STEAM 教育的价值

在初中信息科技教育中,STEAM 教育模式的引入不仅丰富了教学内容,更在跨学科主题学习和计算思维培养方面展现出巨大的价值。

(1) 促进学生全面发展

STEAM 教育通过整合科学、技术、工程、艺术和数学等多个领域的知识,打破了传统学科间的界限,使学生能够在更广阔的视野下学习。这种跨学科的学习方式有助于学生形成系统的知识结构,促进他们的全面发展。在信息科技领域,学生不仅能够掌握编程、数据处理等基本技能,还能通过与其他学科的融合,理解技术背后的科学原理、艺术审美和工程实践,从而更全面地认识世界。

(2) 培养计算思维

计算思维是信息时代每个人必备的核心素养之一,它涉及问题解决、系统设计、人类行为理解等复杂认知活动。STEAM 教育强调在真实情境下解决问题,通过项目式学习、设计思维等方法,让学生在动手实践中培养计算思维。在信息科技课程中,学生可以通过设计网页、开发应用等项目,运用算法思维、逻辑思维和创造性思维来解决问题,从而逐步形成计算思维。

(3) 提升创新能力和实践能力

STEAM 教育鼓励学生从多角度思考问题,通过动手操作和实践探索来解决问题。在信息科技课程中,学生不再是被动的知识接受者,而是主动的探索者和创造者。他们可以

通过团队合作、项目研究等方式,将所学知识应用于实际情境中,不断挑战自我、超越自我。这种教学方式有助于激发学生的创新精神和实践能力,为他们未来的学习和工作打下坚实的基础。

2. STEAM 教育的路径

(1) 跨学科课程设计

跨学科课程设计是 STEAM 教育实施的关键。在初中信息科技课程中,教师可以根据教学目标和学生特点,设计跨学科的主题学习项目。例如,在"数据与数据处理"单元中,教师可以结合数学中的统计知识、科学中的实验设计方法和艺术中的数据可视化技巧,设计一个综合性的数据分析项目。学生需要运用多学科的知识和技能,对数据进行收集、处理和分析,并最终以艺术化的形式呈现结果。这样的项目不仅能够帮助学生巩固所学知识,还能培养他们的跨学科思维能力和创新能力。

(2) 项目化学习

项目化学习是 STEAM 教育的重要教学方式之一。在信息科技课程中,教师可以设计一系列具有挑战性和趣味性的项目,让学生在完成项目的过程中学习知识和技能。例如,教师可以设计一个"智能小车"项目,要求学生结合物理中的力学原理、电子技术中的传感器应用以及编程知识来制作一个能够自动避障、循迹行驶的小车。在项目实施过程中,学生需要分组合作、分工协作,共同解决遇到的问题。这样的教学方式不仅能够提高学生的实践能力和解决问题的能力,还能培养他们的团队合作精神和创新能力。

3. STEAM 教育的策略

(1) 创设真实情境

STEM 课程中的真实驱动性问题能够让学生将课程任务和自身进行联系,产生解决问题的强烈意愿。在 STEM+课程"探秘 DNA"的教学过程中,播放侏罗纪公园的视频时,学生将真实地接收到侏罗纪公园的邀请函,这些具有十足真实感的经历能够给学生足够的冲击,让其更顺利地接受自己的角色设定——古生物学家,进而产生探究生物 DNA 奥秘的持续的兴趣和动力。此外,本课程真实驱动性问题贯穿整个教与学过程,并且在实施过程中将其细化为特定情境下若干个具体的问题,能够为学生提供具有真实性的探索空间,激发其内在学习动力。[①] 处于疫情特殊时期的上海居民每天最操心的莫过于一日三餐和抗疫防护,学科融合课程"疫期吃出免疫力"聚焦于学生的真实生活,用"疫情期间如何利用家中有限的食材为家人设计抗疫营养餐"这一驱动性问题引发学生自主探究式的社会性实践,将学生的科学学习活动设计成一个连续性的解决实际生活问题、完成真实项

---

① 舒兰兰.真实驱动性问题下的小学 STEM 课程设计[J].上海课程教学研究,2021(11):8-13.

目任务的过程,打破了学习内容与实际生活的界限,将学生的学习热情和探究欲充分激发。

在STEAM教育中,创设真实情境是激发学生学习兴趣和提高学习效果的关键。教师可以根据教学内容和学生特点,设计贴近学生生活实际或社会热点的情境。例如,在讲解"数据与数据处理"时,教师可以引入环保主题,让学生调查当地河流的水质情况并进行分析处理。这样的情境不仅能够让学生感受到所学知识的应用价值,还能激发他们的环保意识和责任感。

(2) 提供充分的学习支架促进自主创造

根据学生学习过程中的具体需求提供相应的学习支架,有利于学生解决问题和学习反思,促进其对新知识的内化并且在其他情境中进行迁移应用。由于学生的知识、能力以及与项目相关的生活经验有限,为了让学生的学习顺利开展,STEM课程实施过程中强调学习的自主性和探究性,并且充分利用在线平台的优势为学生提供形式多样、丰富的学习支架,充分支持学生持续性的探究和创造,满足了不同学习风格学生的差异性学习需求。在STEM+课程"探秘DNA"的教学过程中,教师在问题界定阶段呈现侏罗纪公园的视频素材和古生物学家邀请函,为学生提供情境型支架,唤起学生头脑中关于DNA的先前观念。在"实践探索"之前,为学生提供各种资源型支架和策略型支架,例如实验设计中控制变量的原则,实验操作中配置溶液、研磨、过滤等实验操作技能。这些丰富多样的学习支架为学生创设了进行自主探索和深度学习的学习环境。

在学科融合类课程"疫期吃出免疫力"中充分利用在线教学平台的优势为学生提供形式多样、丰富的学习支架,具体如下。

概念支架:引导学生建立"食物营养"的科学概念体系的支架。本项目中将驱动性问题分解为关联性问题串,引导学生全方位考虑"如何设计抗疫营养餐",每个子项目中利用学习单让学生掌握"食物营养"主题的科学知识并基于评价量规进行自评。

元认知支架:引导学生对项目探究过程、结果进行反思的支架。本项目中通过结构性的项目日志、有组织性的小组研讨和定期的线上讨论等方式引导学生不断反思自己的项目实践过程,基于及时、高频的反馈让其优化探究过程和项目作品。

学习实践支架:本项目中涉及探究性、社会性、调控性三类学习实践,项目中提供提出开放性问题的方法、思维导图制作方法、实验设计原则等探究实践支架;在小组研讨、线上讨论活动中呈现表达观点的建议、同伴互评的规则等社会性实践支架;通过介绍项目化学习经验、项目管理模板并定期组织学生进行项目反思等方式提供调控性实践支架。

资源支架:用于拓宽视野、延伸思维的资源支持。本项目中提供"居民膳食指南""新冠膳食指南"等关于科学饮食的多媒体资料;为学生提供在线实验设计的平台,方便学生在疫情期间纸张缺乏的情况下进行可视化实验设计;提供食物营养查询的 App,让学生科学合理地设计抗疫营养餐。

(3) 鼓励动手操作

动手操作是 STEAM 教育的重要特点之一。在信息科技课程中,教师应该鼓励学生多动手实践,通过实际操作来巩固所学知识并发现新的问题。例如,在教授编程知识时,教师可以让学生编写一些简单的程序来解决实际问题或完成有趣的任务。通过不断的实践和探索,学生不仅能够掌握编程技能,还能培养计算思维和解决问题的能力。

(4) 实施分层教学

由于学生的知识水平和学习能力存在差异,因此在 STEAM 教育中实施分层教学是十分必要的。教师可以根据学生的实际情况将他们分成不同的层次或小组,并为每个层次或小组设计不同难度和内容的学习任务。例如,在"智能小车"项目中,教师可以为不同层次的学生提供不同的材料和技术支持,让他们根据自己的能力和兴趣进行选择和探索。这样的教学方式不仅能够满足学生的个性化需求,还能提高他们的学习积极性和自信心。

比如,以初中信息科技课程中的"制作 LOGO 动画"为例,我们可以将 STEAM 教育理念融入其中进行具体的教学设计。

【教学目标】

通过本项目的学习,学生能够掌握动画制作的基本技能和方法;理解数学中的图形变换原理;感受艺术中的色彩搭配和构图技巧;培养计算思维和创新能力;提高团队合作和解决问题的能力。

【教学过程】

① 导入阶段:教师首先展示一些优秀的 LOGO 动画作品,引导学生观察和分析这些作品的特点和制作技巧。然后,教师提出本项目的任务要求——制作一个具有创意和实用价值的 LOGO 动画作品。

② 知识讲解:教师分别介绍动画制作软件的基本操作、数学中的图形变换原理(如平移、旋转、缩放等)以及艺术中的色彩搭配和构图技巧。在讲解过程中,教师可以通过演示和实例让学生更直观地理解这些知识点。

③ 分组合作:学生根据自己的兴趣和能力进行分组,并确定小组内的分工和合作方式。

(三) STEAM 中科学研究的方法与工程设计流程

在 STEAM 教学中,我们强调科学、技术、工程、艺术和数学的综合应用。科学研究方法帮助学生探究自然现象,如通过实验验证假设、利用统计分析理解数据。工程设计流程则引导学生解决实际问题,从定义问题、背景研究到设计原型、测试评估,再到迭代优化,这一过程培养学生的创新思维和实践能力。STEAM教育通过这种跨学科的方法,激发学生的好奇心和创造力,为未来社会培养具备综合解决问题能力的人才。

1. 科学研究的方法

科学研究方法是通过观察和实验来提出和回答科学问题的方法。有时,科学家就像侦探一样,把各种数据的蛛丝马迹拼凑起来以解释、了解一个过程或现象。科学家收集数据的主要方法之一就是实验。实验是细致、有序地测试某个想法是否成立的一种有效方式。

(1) 提出问题

当你对观察到的现象提出问题,实验就已经开始了。问题包括:如何做(How)、做什么(What)、什么时候做(When)、谁来做(Who)、为什么做(Why)和在哪里做(Where)。一般而言,所有科学方面的问题都是可测量的,并可以通过收集数据的方式得到答案。

(2) 背景调查

像科学家一样运用图书馆和网络上的资源,有助于你找到解决问题的最佳方法,并在最大程度上确保你不会重复前人的错误。背景调查包括查阅各种资料和实验论文等。

(3) 提出假设

一个假设或许正是你想要寻找的答案。好的假设是能够通过实验进行测试的。可以用"如果……然后……因为……"的模式写下你的假设。

(4) 确认并控制变量

变量是实验中可以影响结果并能够变化的量。好的实验应该是一次公平的测验。公平测验是指在实验中,在其他条件不变的情况下,一次实验只改变一个变量(或因素)。

(5) 测试假设

制订一个计划以测试你的假设,写下详细的测试过程,然后收集材料和工具,并开始实施测试。每测试一个假设,就称为一次实验。每个实验都要被重复多次以确保实验结果是可控的而非意外得出的。

(6) 收集、记录数据

记录在实验中观察和测量到的现象或数据,然后利用表格归纳整理数据。

(7) 分析数据

梳理所有的记录,使之更加清晰。利用图片、表格或饼图来分析数据。特别应注意分析数据所呈现出的迹象或趋势。

(8) 交流实验结果

通过最终实验报告、展示板或两者皆有的方式与他人交流你的成果。专业的科学家通过在科学周刊上发表论文或在科学会议上展示成果来达到同样的目的。事实上,人们对你的发现所表现出的兴趣,往往会超过支撑这个发现的数据。

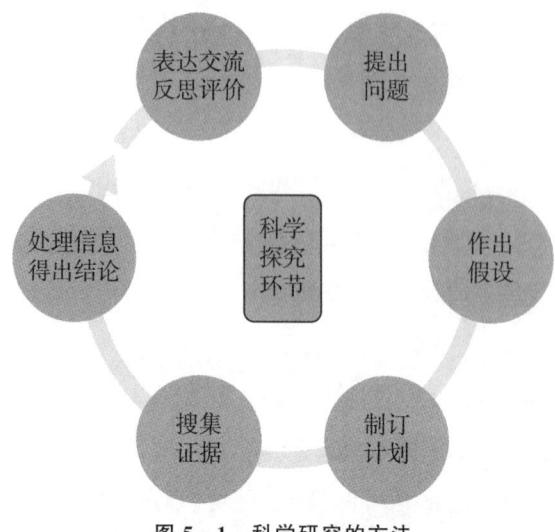

图 5-1 科学研究的方法

案例（九）：探秘 DNA

"探秘 DNA"教学设计

一、内容分析

"细胞""DNA""基因"等科学名词是近年来影视作品的流行词，学生对此有天然的好奇心和探究兴趣。他们疑惑为什么《侏罗纪公园》中的远古恐龙能够复活？X 战警、蜘蛛侠、超人等超级英雄何来天生超能力所向披靡？本课程将为学生揭开 DNA 这个影视流行词的神秘的面纱，引导学生基于科学实验辨别谣言和事实，分清幻想和展望。本课程中的教学活动皆围绕"怎样提取和保存 DNA"这一核心问题展开。首先，课堂上为学生展示相关的多媒体资料，引导学生构建关于 DNA 的科学概念体系，然后让其像侦探一样通过抽丝剥茧推理出提取植物 DNA 的常规步骤，并且设计实验探究提取植物 DNA 的影响因素。课堂上教师基于学生朴素的先前观念进行教学，通过推理游戏、实验探究和汇报展示来转变和扩充学生关于 DNA 的概念体系，更重要的是，让学生在基于问题的探究活动中培养问题意识和问题解决能力。

二、学情分析

五年级的学生常常从影视作品中听到"DNA""基因"等科学概念，但是他们对此的理解往往存在于浅表层次，有些学生甚至形成错误的先前概念。在自然学科的学习中，学生刚刚学习了"上代与下代"这一课，初步了解了遗传物质基因在生物遗传和变异中的作用。但是，他们并未对 DNA 形成完整的科学概念结构，所以这堂课的内容对于学生既陌生又充满趣味。鉴于五年级学生的认知水平和实验操作能力，课堂上提取 DNA 的生物材料是生活中常见的洋葱、香蕉，而且提取 DNA 的实验操作简单高效，让学生在课堂上充分体验探究的乐趣。

三、教学目标

1. 从宏观到微观定位 DNA 在生物体中的位置,建立 DNA 相关的科学概念。
2. 根据 DNA 背景知识和教师提供的线索推理出提取 DNA 的实验步骤。
3. 基于背景知识确定 DNA 主题的研究问题并设计控制变量的探究实验。
4. 掌握提取 DNA 的实验操作,熟练掌握滴加试剂、过滤等实验操作步骤。
5. 实验探究过程中发现问题并能够基于科学证据解决问题、阐述结论。

四、教学重难点

教学重点:推理出提取 DNA 的实验步骤。

教学难点:基于研究问题设计探究实验并实施实验操作。

五、教学准备

序号	教具	备注
1	试管	过滤、盛装实验材料
2	玻璃棒	过滤
3	漏斗	过滤
4	标签纸	标记试剂种类
5	塑料胶头滴管	滴加试剂
6	纱布	过滤
7	橡胶手套	防护用品
8	医用酒精	DNA 提取试剂
9	食盐水	DNA 提取试剂
10	香蕉、洋葱	生物材料

六、教学过程

(一)课前准备

教师在上课之前讲解 STEM 课程要求,为学生展示学习单。

学生活动流程	设计意图
1. 思考:STEM 课堂要求。 2. 操作:确定小组任务分工,填写学习单的相应内容。	*让学生做好充分的课前准备,明确任务分工,提高之后的合作效率。

（二）设置问题情境

教师播放《侏罗纪公园》的短视频并设置问题情境。

学生活动流程	设计意图
1. 讨论：影片中几万年前灭亡的恐龙是怎么复活的？ 2. 小结：早已灭绝的恐龙复活需要一个至关重要的物质，也是我们的学习主题——DNA。 3. 讨论：DNA听起来很神秘，那么，我们如何得到这种神秘的物质DNA呢？ 4. 小结：要得到DNA要解决两个问题，一个是从生物体中提取DNA，另外一个就是提取出来之后将其保存起来，不然DNA很快就会"变质"	＊针对学生的兴趣提出问题，引发学生的探究兴趣。 ＊引导学生逐步地细化核心问题，使问题变得可操作、可探究。

（三）主题背景知识介绍

学生活动流程	设计意图
1. 讨论：怎样提取生物组织（洋葱或香蕉）的DNA？ 2. 小结：方法欠缺科学性，在我们提取DNA之前需要了解一下DNA是什么、DNA有什么作用、DNA在哪里。 3. 讨论：用一句通俗易懂的话描述DNA是什么。 4. 小结：DNA是我们生命发展的蓝图，它能够引导我们的生长发育，我们长什么样、可能会得什么疾病，甚至是性格和天赋能力，很大程度上由DNA决定。DNA还有一个特别伟大的作用，那就是它甚至决定着人类的繁衍，记录着人类进化的历史，传递着遗传信息。 5. 讨论：DNA在细胞中的什么位置？ 6. 操作：在学习单上画出DNA在细胞中的位置。 7. 观看：PPT中的细胞图和染色体分解图。 8. 操作：填写学习单中的DNA科学概念框架。 9. 讨论：提取DNA面临的三个大问题——怎样破碎细胞、如何将如胶似漆的DNA和蛋白质分离、如何获取溶在细胞液里的DNA。	＊让学生提出自己的解决方案，激发学习兴趣，聚焦于问题解决。 ＊基于学生的认知水平，用通俗易懂的语言解释DNA。 ＊画图可以暴露学生先前概念，教师可基于错误的先前概念促进学生的概念转变。 ＊构建概念框架，进一步强化学生的认识。 ＊将提取DNA的问题细化成三个子问题，学生更易探究。

续表

学生活动流程	设计意图
10. 操作：教师呈现提取DNA的三个线索，学生根据知识背景和相关线索推理提取DNA的路径，研磨生物材料—加入食盐水—过滤—加入酒精。	＊推理的方式让学生思考更加深入并得出实验操作。

（四）研究方案设计与实践

学生活动流程	设计意图
1. 讨论：哪些因素会影响DNA的提取量？ 2. 小结：生物组织的种类、生物组织的研磨程度、提取路径的顺序、纱布层数等会影响DNA的提取量。 3. 讨论：教师介绍实践探究的四个环节后，小组讨论研究问题、研究假设和实验方案。 4. 操作：学生基于讨论结果填写学习单中的研究设计。 5. 实验：学生按照实验方案领取实验器材，实验过程中记录实验现象和数据。 6. 汇报：实验结束后，每个小组的发言人上台进行汇报展示，展示提取出的DNA，阐述研究结论以及支持研究结论的科学证据，并且对实验过程进行反思，提出新的问题或者研究优化建议，其他小组和教师可对论证过程提出质疑。	＊学生需要基于小组讨论进行实验设计，充分发挥学生在课堂中的主体性。 ＊要求小组分工合作，边实验边记录，为阐述结论做好准备。 ＊汇报展示促进小组更加深入地思考研究过程，提高学生的科学论证能力。 ＊质疑可引发深入的思考和讨论，激发学生的深度学习。

（五）拓展延伸

学生活动流程	设计意图
1. 讨论：我们刚刚提取出来的白色絮状沉淀就是DNA吗？有没有什么方法证明我们检验的就是DNA？ 2. 操作：课后查阅检验DNA的实验方法。 3. 讨论：获取DNA之后就能像《侏罗纪公园》里那样进行逆向复制吗？ 4. 小结：电影中获得恐龙的DNA只有一部分，并没有得到染色体全部的活性DNA，另外即使得到全部的活性DNA，现在的科学技术也并不支持DNA的逆向复制。	＊培养学生的科学质疑精神，基于证据得出结论而非盲从。 ＊布置课后任务，引导学生对该主题的深入学习。 ＊该问题让学生思考电影情节的合理性，辨别谣言和事实，分清幻想和展望。

七、板书设计

1. DNA 是什么

DNA 是我们生命发展的蓝图,它能够引导我们的生长发育。

2. DNA 在哪

细胞—细胞核—染色体—DNA—基因。

3. 提取 DNA 的路径

研磨生物材料—加入食盐水—过滤—加入酒精。

项目反思与评价

在"探秘 DNA"的教学设计中,我尝试通过推理游戏和实验设计活动来培养学生的计算思维。例如,在推理提取 DNA 的实验步骤时,学生需要根据已有知识和教师提供的线索,逐步推理出完整的实验流程。这一过程需要学生分析问题、分解任务、制定解决方案,并考虑各种可能的影响因素。这种思维模式与计算思维中的"分解、抽象、模式识别、算法设计"等核心概念高度契合,有助于学生在解决实际问题的过程中培养和发展计算思维。

然而,在实际操作中,我发现部分学生在面对复杂问题时,仍难以有效地运用计算思维进行解决。这可能与学生的先前知识储备、认知能力和思维习惯有关。因此,在未来的教学中,我需要更加注重培养学生的问题解决能力和批判性思维,通过多样化的教学活动和实践机会,帮助学生逐步掌握计算思维的方法和技巧。

"探秘 DNA"作为一门跨学科主题课程,将生物学、化学、物理学等多个学科的知识有机融合在一起,为学生提供了一个全面、系统的学习平台。通过本次教学实践,我深刻体会到跨学科主题学习对学生综合素质提升的重要作用。学生不仅掌握了关于 DNA 的科学知识,还学会了如何运用多学科的知识和方法解决实际问题。

同时,我也发现跨学科主题学习对学生的思维能力和创新能力提出了更高的要求。学生需要具备较强的知识整合能力和创新能力,才能在复杂的情境中灵活运用所学知识进行问题解决。因此,在未来的教学中,我需要更加注重培养学生的跨学科素养和创新能力,通过引导学生参与项目式学习、探究性学习等多样化的学习方式,帮助学生不断提升综合素质和创新能力。

综上所述,将计算思维融入跨学科主题学习是提升学生综合素质的有效途径。在未来的教学实践中,我将继续探索和创新教学方法和手段,为学生的全面发展提供有力支持。

2. 工程设计流程

STEAM 学习融合了科学(Science)、技术(Technology)、工程(Engineering)、艺术(Art)与数学(Mathematics)五大领域,鼓励学生像工程师一样系统地解决问题。这一过程始于发现问题,即敏锐观察生活中的不便或挑战;随后定义问题,明确需解决的核心难题。接着,设计方案是关键,学生需运用多学科知识,创造性地构思解决方案。制作模型是将设计方案转化为实物或虚拟产品的过程,实践中还要不断调整完善。测试改进阶段,通过对模型的反复测试,识别问题并应用科学知识进行优化。最后,展示评价环节鼓励学生分享成果,接受同行与专家的反馈,既是对个人努力的认可,也是促进学习与进步的重要途径。整个流程循环往复,不断提升学生的创新能力、实践能力和团队合作精神。

工程是指使用技术解决实际问题。为了解决这些问题,并设计出新的产品,工程师通常遵循以下工作流程。

(1) 确认需求

设计一款新产品前,工程师必须先明确他们想要解决的问题或需要满足的要求。比如,一家汽车模型制造公司的设计团队所确定的一个需求:一个既便宜又易于组装的汽车模型。

(2) 研究问题

通常从收集有助于设计工作的相关信息开始,包括查找书籍、期刊或网络上的文献,或与有类似设计经验的其他工程师进行交流。一般来说,工程师还要针对他们设计出的新产品开展一系列相关的实验。

比如,你想设计汽车模型,可以去观察那些与你的设想车型相似的汽车,也可以在网络上做些调查,或测试一些材料,观察它们是否适用于你的汽车模型。

(3) 设计解决方案

• 头脑风暴

工程师们常常相互合作,共同设计新产品。而设计团队通常利用头脑风暴法开展讨论,每一位成员都可以毫无压力地提出自己的想法。头脑风暴是一个创造的过程,每位成员的发言都可能激发起其他成员的灵感,从而找到解决问题的新方法。

• 记录过程

一旦设计团队开始运作,就需要记载和保存团队成员的工作文件和工作流程。这些记录有助于其他成员在将来重复这些流程。工作文件包括调查资源、想法、材料清单等,每一个环节将来都可能被再利用。

• 发现制约因素

头脑风暴过程中,设计团队可能会发现几种方案。为了更好地聚焦关注点,成员们需要考虑可能会碰到的制约因素。制约因素是指阻碍设计工作的影响因素。比如,用来制作汽车模型的材料的属性就是一种制约因素。资金和时间同样也是制约因素。如果材料过于昂贵,或者制造过程需要耗费大量时间,那么这个方案就缺乏操作性。

• 作出取舍

设计人员往往需要作出妥协或取舍。作出取舍是指工程师放弃设计方案中的某项优势使产品获得更好的适应性。比如,设计模型汽车时,设计团队会为了降低成本牺牲模型的部分坚固性能。

- 选择方案

充分考虑备用设计方案的制约因素并作出取舍后,工程师会选择一个合适的方案进行下一步研发。这个方案是设计团队认为解决问题的最恰当办法。比如,该方案包括了用于产品制造的首选材料。

(4) 构造、测试、评估试用模型

一旦团队选定设计方案,工程师便开始建造试用模型。试用模型是用于测试设计是否合理的实物模型。工程师会对模型进行评估以检验其是否满足设计要求。他们必须确认模型是否能正常工作、是否易于操作、是否安全及能否重复试用等。评估还包括用可重复的方式获得并收集数据。比如,当你确定了模型的构造方法,你还想了解它的哪些方面?你可能需要测量它能装入多少只行李箱,或者它的造型会对速度产生怎样的影响等。

(5) 展示解决方案

团队需要向生产、使用新产品的人们展示他们的最终设计方案。为此,团队成员将采用简图、细节图、计算机模拟和书面介绍等方式,展示模型测试过程中采集到的各种数据和证据。这些证据包括为最终设计提供支撑的数学演示(图线和数据表)。

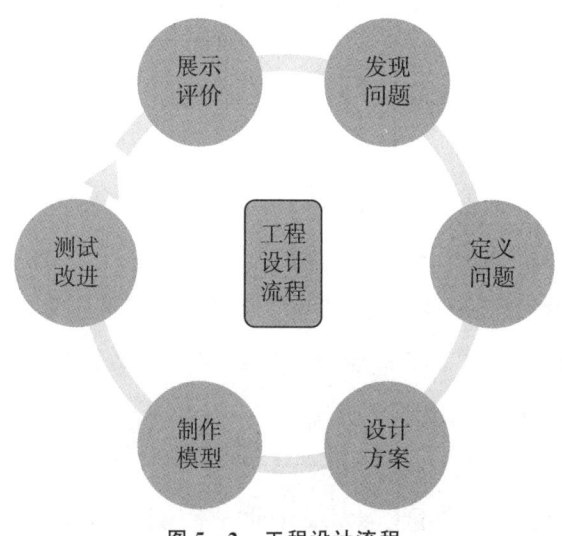

图 5-2　工程设计流程

(6) 故障排查与设计修改

大部分试用模型都无法完美运作,这正是需要对它们进行测试的原因所在。测试模型之后,成员们分析结果并找出问题。随后,通过再次查找故障或解决问题,团队成员重新设计模型,以确定新的设计方案是否能更好地解决问题。

案例(十):设计义肢

一、教材分析

"设计义肢"课程是上海市史坦默国际科学教育研究中心(简称"STEM+研究中心")开发的STEM-系列课程之一,由三个部分12节课(每课2课时)构成。第一部分学习与"设计义肢"相关的知识、技能,以及初步培养学生自主、合作、探究、体验等良好学习方式,共计四节课(详见下图);第二部分是围绕"设计义肢"主题进行的工程设计流程,包括发现问题、定义问题、创意与设计、制作、测试与改进、展示与评价共计6节课;第三部分是拓展提升和STEM素养测评部分,共计2节课。

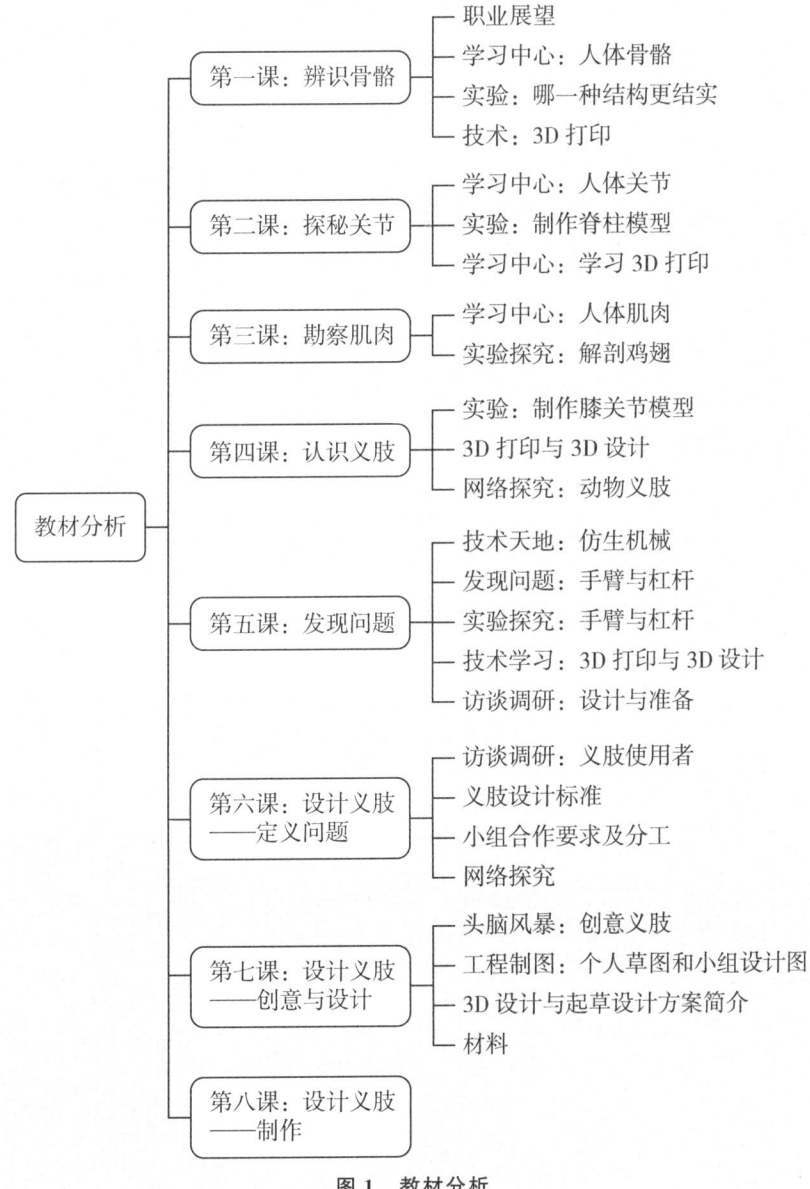

图1 教材分析

在"设计义肢"课程校本化实施过程中,我们把3D打印技术融入其中,提升课程的科技含量和实施效果。"创意与设计"一课正是在这一课程背景下开展的实践探索,目的在于通过学生的头脑风暴、小组合作、3D设计、展示交流、质疑答辩等学习活动,初步形成作品的设计方案,便于后续的作品制作、测试和改进。因此,本课内容是工程设计中承上启下的关键一环。

二、学情分析

本课教学对象为七年级学生。在本课实施之前,学生已完成 STEM$^+$ 系列课程——"设计水净化系统"的学习,初步形成了自主、合作、探究学习的习惯,了解了工程设计的基本流程;在前期的"设计义肢"课程校本化实施过程中,学生已学习了一些与"设计义肢"相关的知识、技能,尤其是所有学生都学习了3Done这款3D设计软件的应用(其中每组至少有两位3D软件操作熟练的3D"设计师"),所有的学生都有运用思维导图进行头脑风暴、分享交流的经历。

但是,我们也发现,学生的思维水平、知识运用能力、运用新技术解决问题的意识还比较薄弱,需要借助同伴互助、教师点拨、学习单等策略来提升相关的能力。

三、教学目标

1. 运用思维导图,支持头脑风暴,形成一款具有"抓、举、放"功能的人"义肢"或具有"跑动、支撑"功能的小狗"义肢"的创意设计草图,提升团队协作的意识,增强社会责任感。

2. 运用小组展示、质疑答辩,丰富对"义肢"的科学性、可行性认识,改进创意设计草图,初步形成"义肢"的创意设计方案,发展批判性思维。

3. 运用3D设计软件建模并进行小组展示与交流,提升运用新技术解决问题的意识和能力。

四、教学重点与难点

教学重点:改进创意设计草图,初步形成"义肢"的创意设计方案,发展批判性思维。

教学难点:激发创新思维,形成具有一定科学性和可行性的"义肢"创意设计草图。

五、资源和材料准备

演示文稿、海报纸、彩笔、学习活动单、问卷星在线评价单

六、教学过程

教学环节	教学活动		设计意图
	教师活动	学生活动	
创设情境 导入新课 (5分钟)	1. 视频：播放关于一只前肢天生残疾的小狗视频。 提问：小狗的主人邀请你为小狗设计一款义肢，你会优先考虑哪些问题？ 回顾定义的问题，引入课题。	1. 观看视频，体验共情。 2. 思考并回答问题。 3. 共情，明确主题。	通过视频，创设问题情景，激发学生创意与设计的欲望。回顾定义的问题，引出课题。
头脑风暴 设计草图 (20分钟)	1. 确定小组创意设计对象。 2. 组织头脑风暴活动。 3. 组织小组绘制设计草图。	1. 明确设计对象。 2. 运用思维导图，进行头脑风暴。 3. 完成方案草图。	学会利用头脑风暴和思维导图工具进行创意设计，发展学生的解决问题能力。
展示交流 质疑答辩 (10分钟)	组织展示设计草图，介绍初步的设计方案。 组织学生对两个组的设计草图和设计方案进行点评、质疑和建议。	介绍设计草图和设计方案。 答辩与反思。	运用小组展示、质疑答辩，丰富对"义肢"的科学性、可行性认识。
3D设计 方案设计 (25分钟)	分组活动：出示分组活动要求 1. 技术组：3D设计。 2. 方案组： (1) 组间互动交流； (2) 完善设计方案。	1. 3D设计。 2. 组间分享交流。 3. 完善设计方案。	通过分组活动，增强团队协作能力。
展示分享 (15分钟)	1. 引导学生展示分享。 2. 播放一段微视频。	1. 展示3D设计模型。 2. 分享设计方案。	通过展示体验技术对STEM学习的支持作用；通过微视频激发学生进一步设计的欲望。
评价总结 (5分钟)	1. 引导学生在线评价并反馈。 2. 师生总结。	1. 完成问卷星评价。 2. 总结与反思。	通过评价、总结和反思，提高学生的总结和反思能力。

第七课　创意与设计　学习活动单

姓名＿＿＿＿　　班级＿＿＿＿　　第＿＿＿＿小组

1. 勾选你在本课中参与的工作

☐ 头脑风暴　　　　☐ 画思维导图并记录头脑风暴过程　　☐ 绘制个人设计草图
☐ 绘制小组设计草图　☐ 提出问题或回答问题　　　　　　　☐ 小组讨论
☐ 方案设计　　　　☐ 组间互动交流　　　　　　　　　　☐ 设计3D模型
☐ 展示分享　　　　☐ 在线评价　　　　　　　　　　　　☐ 其他＿＿＿＿＿

2. 任务要求：为江老师设计一款"义肢"或为狗狗"德比"设计一款前肢。

3. 头脑风暴，设计草图：借助思维导图，进行创意并画出草图。

4. 展示交流，质疑答辩：运用小组展示、质疑答辩，丰富对"义肢"的科学性、可行性认识。

5. 3D设计、方案设计：技术组——3D设计；方案组——完善设计方案+组间互动交流。

6. 组间互动交流记录表（字迹端正，便于展示）

目标小组	创新点	给他的建议
第　　小组	记录：	记录：
第　　小组	记录：	记录：
第　　小组	记录：	记录：

备注：交流过程中记录要点，交流后整理。至少与2个小组进行组间交流。

7. 完成问卷星在线评价

8. 总结与反思

你哪些方面做得比较出色？＿＿＿＿＿＿＿＿＿＿＿＿＿＿＿＿＿。

你哪些方面还需要改进？＿＿＿＿＿＿＿＿＿＿＿＿＿＿＿＿＿。

图2　学习活动单

第七课　创意与设计

第____小组方案设计

说明：本方案每组完成一份，小组分工在本表背面完成。

---

(1) 问题陈述：你们义肢设计的对象是_____，能帮助_____实现_____功能。

(2) 设计图（在坐标纸上完成）

(3) 创新之处：_____
_____。

(4) 根据设计和制作产品需要，列出材料清单（请列举在教材 p48）。

编号	材料名称	数量	用途
1			
2			
3			
4			
5			
……			

备注：已有材料——桐木片、桐木条、纸筒、竹签、橡皮筋、金属丝、钓鱼线，其他材料可以自备。

老师审核：　　　　　　　日期：

图3　小组方案设计

项目反思与评价

在"设计义肢"课程的教学实践中，我深刻体会到发展学生计算思维和跨学科主题学习的重要性。通过本课程的实施，学生不仅掌握了与义肢设计相关的知识和技能，还在计算思维和跨学科学习方面取得了显著的进步。

首先，在计算思维方面，学生通过头脑风暴、思维导图绘制和3D设计软件操作等活动，逐步形成了解决问题的逻辑框架和算法思维。特别是在设计义肢的过程中，学生需要综合考虑功能需求、材料选择、结构布局等多个因素，这要求他们具备分解问题、抽象概括和算法设计的能力。通过不断尝试和改进，学生逐渐掌握了如何运用计算思维来优化设计方案，提高义肢的实用性和科学性。

其次,在跨学科主题学习方面,本课程成功地将生物学、机械工程、计算机科学等多个学科的知识融合在一起,形成了一个综合性的学习体系。学生不仅学习了义肢的生物学原理,还掌握了3D打印等现代制造技术,同时还需要运用数学知识进行尺寸计算和力学分析。这种跨学科的学习方式不仅拓宽了学生的知识面,还培养了他们的综合运用能力和创新思维。

然而,在教学实践中也存在一些挑战和不足。例如,部分学生在跨学科知识的整合和应用方面还存在困难,需要更多的指导和支持。此外,如何更好地激发学生的创新思维和团队协作精神,也是未来教学中需要重点关注的问题。

总的来说,通过"设计义肢"课程的教学实践,我深刻认识到发展学生计算思维和跨学科主题学习的重要性。在未来的教学中,我将继续探索和创新教学方法和手段,努力提高学生的综合素质和创新能力,为他们的未来发展奠定坚实的基础。同时,我也希望更多的教育工作者能够关注并实践这些先进的教学理念,共同推动教育事业的进步和发展。

二、创客教育

面向未来学习新样态,创客教育以其独特的项目化学习、动手实践与创新思维培养,为信息科技跨学科主题学习和计算思维培养提供了新视角。创客教育鼓励学生将创意转化为现实,通过信息技术解决真实世界问题,促进科学、技术、工程、艺术与数学等多领域知识的深度融合。在信息科技课程中,创客项目让学生不仅掌握编程、数据分析等技能,还学会在设计、制作过程中运用计算思维,如抽象、分解、算法设计等,从而培养其系统性思考和创新能力。这种教育模式为学生搭建了从理论到实践的桥梁,助力他们成为未来社会的创新者和创造者。

(一)创客教育介绍

创客教育,作为一种融合信息技术、秉承"开放、创新、探究体验"教育理念的教学模式,近年来在全球范围内迅速兴起并受到广泛关注。它不仅仅是一种教育方法,更是一种旨在培养创新型人才、推动社会进步的教育形态。以下将从创客教育的定义、发展历程进行简要阐述。

1. 创客教育的定义

创客教育,顾名思义,是创客文化与教育的有机结合。它基于学生的兴趣和好奇心,通过项目学习的方式,利用数字化工具,倡导造物实践,鼓励分享与交流,旨在培养学生的跨学科解决问题能力、团队协作能力和创新能力。创客教育强调"做中学",让学生在动手实践的过程中,将理论知识与实际应用相结合,从而激发其创新思维和创造力。

2. 创客教育的发展历程

(1) 起源与萌芽(20 世纪末至 21 世纪初)

创客教育的起源可以追溯到 20 世纪末至 21 世纪初的西方社会,尤其是美国。这一时期,随着信息技术的飞速发展和互联网的普及,人们开始探索如何利用新技术进行创新创造。2001 年,美国麻省理工学院比特与原子研究中心发起的 FabLab(Fabrication Laboratory,制作实验室)创新项目,为创客教育的萌芽提供了土壤。FabLab 通过提供一系列先进的数字化制造工具,如 3D 打印机、激光切割机等,让参与者能够亲手制作各种创意产品,从而激发了人们的创造热情。

(2) 概念形成与初步发展(21 世纪初至 2010 年代)

进入 21 世纪后,随着创客文化的逐渐兴起,"创客"一词开始进入公众视野。2012 年,随着《创客:新工业革命》一书的出版,"创客"概念在全球范围内得到了广泛传播。与此同时,创客教育也开始在教育领域崭露头角。在这一阶段,创客教育主要关注于如何将创客理念融入学校教育中,通过开设创客课程、建立创客空间等方式,为学生提供更多的动手实践机会和创新创造平台。

(3) 快速发展与普及(2010 年代至今)

进入 21 世纪的第二个十年,创客教育在全球范围内迎来了快速发展和普及的浪潮。各国政府和教育机构纷纷出台相关政策措施,支持创客教育的发展和推广。在中国,2015 年首次将"创客"写入政府工作报告,并确定支持发展"众创空间"。随后几年间,创客教育在中国教育领域迅速升温,越来越多的学校开始引入创客教育理念和模式,开设创客课程、建立创客空间、举办创客大赛等活动,为学生提供了丰富的创新创造资源和平台。

(4) 深化融合与跨界合作(当前趋势)

随着创客教育的不断深入发展,其与其他领域的融合与跨界合作也日益加强。一方面,创客教育开始与 STEM(科学、技术、工程和数学)教育深度融合,形成了 STEAM(科学、技术、工程、艺术和数学)教育模式。这种模式更加注重跨学科知识的整合和应用,旨在培养学生的综合素养和创新能力。另一方面,创客教育也开始与产业界、科研机构等社会各界建立紧密的合作关系,共同推动创新创造的发展。例如,一些企业开始投资建设创客空间或孵化器,为创客提供资金、技术和市场支持;一些科研机构则与学校合作开展科研项目和人才培养工作。

(5) 挑战与展望(未来趋势)

尽管创客教育在近年来取得了显著的发展成果,但仍面临着一些挑战和问题。例如,如何平衡创客教育与传统教育之间的关系?如何确保创客教育的普及性和公平性?如何提高创客教育的质量和效果?这些问题都需要我们在未来的发展中不断探索和解决。同时,我们也应该看到创客教育的广阔前景和无限潜力。随着技术的不断进步和社会的不断发展,创客教育将在培养创新型人才、推动社会进步方面发挥更加重要的作用。未来,创客教育将更加注重跨学科整合、注重实践与创新、注重个性化发展等方面的发展趋势,为学生提供更加优质、高效、个性化的学习体验和发展空间。

(二)创客教育价值、路径和策略

在快速变化的数字时代,初中信息科技教育不仅承担着传授基础技术知识的任务,更需注重学生跨学科学习能力的提升和计算思维的培养。创客教育作为一种新兴的教学模式,以其独特的价值、路径和策略,为初中信息科技教育注入了新的活力。本文将从创客教育的价值、路径和策略三个方面进行深入阐述,并结合具体实例加以说明。

1. 创客教育的价值

(1)促进跨学科知识整合

创客教育强调跨学科学习,鼓励学生将科学、技术、工程、艺术和数学等多领域知识融为一体,解决实际问题。在信息科技课程中,通过跨学科主题学习,学生可以综合运用所学知识,如利用数学逻辑设计算法、运用艺术审美设计用户界面、结合科学原理理解技术背后的机制等。这种综合性的学习方式有助于培养学生的综合素养和创新能力。

(2)培养计算思维

计算思维是信息时代不可或缺的核心素养之一,它涉及问题解决、系统设计、数据分析等多个方面。创客教育通过项目式学习、动手实践等方式,让学生在真实情境中运用计算思维解决问题。例如,在开发一个移动应用项目时,学生需要抽象问题、设计算法、编写代码、测试调试等,这一系列过程都是对计算思维的锻炼和提升。

(3)激发学习兴趣和创造力

创客教育注重学生的主体性和创造性,鼓励学生根据自己的兴趣和需求进行探索和创新。在信息科技课程中,学生可以通过创客项目实现自己的想法和创意,如设计一款智能家居控制系统、制作一个虚拟现实游戏等。这种自主探索和创造的过程能够极大地激发学生的学习兴趣和创造力,培养他们的自主学习能力和终身学习习惯。

2. 创客教育的路径

(1)跨学科主题课程设计

跨学科主题课程设计是创客教育实施的重要路径之一。教师可以根据教学目标和学生特点,设计具有挑战性的跨学科主题项目,让学生在完成项目的过程中综合运用多学科知识。例如,设计一个关于"智慧城市"的跨学科主题项目,该项目涉及信息科技、地理、环境科学等多个学科领域。学生需要利用信息技术收集和分析城市数据,运用地理知识分析城市布局和交通状况,结合环境科学原理提出改善城市环境的建议等。这样的项目不仅能够帮助学生巩固所学知识,还能培养他们的跨学科思维能力和创新能力。

(2) 创客空间建设

创客空间是创客教育的重要载体和平台。学校可以建立专门的创客空间或实验室,配备必要的设备和工具,为学生提供动手实践和创新创造的场所。在创客空间中,学生可以自由组合团队、选择项目、进行设计和制作。例如,学校可以设立 3D 打印区、电子制作区、编程开发区等区域,让学生在这些区域中进行各种创客活动。通过创客空间的建设和使用,学校可以为学生提供更加丰富多样的学习资源和创新机会。

3. 创客教育的策略

(1) 项目化学习

项目式学习法是创客教育中最常用的教学策略之一。它以学生为中心,以项目为载体,通过团队合作的方式完成学习任务。在信息科技课程中,教师可以设计一系列具有挑战性和趣味性的项目任务,让学生自主选择并完成。例如,教师可以设计一个"智能小车"项目任务,要求学生结合电子技术、编程知识和机械设计原理等知识和技能进行设计和制作。在项目实施过程中,学生需要分组合作、分工协作、共同解决问题。这种学习方式不仅能够培养学生的团队合作精神和创新能力,还能提高他们的实践能力和解决问题的能力。

(2) 探究式学习法

探究式学习法是一种以学生为主体、以问题为导向的教学方法。在信息科技课程中,教师可以采用探究式学习法引导学生主动探索和发现知识。例如,在教授网络安全知识时,教师可以提出一个关于"如何保护个人信息安全"的问题,然后引导学生通过查阅资料、讨论交流等方式进行探究和解答。在探究过程中,学生可以自由发表观点和见解、提出问题和解决方案等。这种学习方式能够激发学生的求知欲和探究欲,培养他们的自主学习能力和批判性思维能力。

(3) 情景模拟法

情景模拟法是一种通过模拟真实情境来引导学生进行学习和探究的教学方法。在信息科技课程中,教师可以利用虚拟仿真技术或实物模型等手段创设各种场景来模拟真实世界中的问题和挑战。例如,在教授人工智能知识时,教师可以利用虚拟仿真技术创建一个智能家居环境场景来模拟智能家居系统的运行和控制过程。在这个场景中,学生可以扮演不同的角色(如用户、开发者等)来体验智能家居系统的功能和特点,了解其背后的技术原理和实现方式等。情景模拟法的学习方式能够帮助学生更好地理解和应用所学知识,提高他们的实践能力和创新能力。

案例(十一):制作扫地机器人

一、教材分析

扫地机器人是《智能机器人学习包》教材的一个单元的内容,此教材主要特点是系统衔接、层次递进、突出实践、鼓励探究,借鉴了 STEAM 教育理念,即整合科学(Science)、技术(Technology)、工程(Engineering)、艺术(Art)、数学(Mathematics)等内容,突出实践能力和创新精神的培养。教材共分为 6 册,每册 6 个单元的内容,全套共 36 个单元。本单元在学习了直流电机、红外感应器等内容基础上,进一步学习伺服电机和红外遥控器,为后一阶段自主探究、创新运用打下基础。本节课主要采用小组合作完成扫地机器人的设计,并通过交流展示,启发创新,体验科技为我们的生活带来的便捷。共设计了 2 课时,本节课为第 1 课时——设计扫地机器人。

二、学情分析

本节课教学对象是六、七年级社团课学生。本学期前期完成了"竞赛机器人""避障机器人"及"追踪机器人"三个单元的学习,学生基本掌握了机器人制作所需的基本工具及使用方法,了解了"智能机器人学习包"包含的主要的零部件及其基本功能,熟悉一般机器人是由检测装置、控制系统、驱动装置及执行结构四大部分组成。基本学会了使用 TronZ-Card 编写机器人程序的方法。

扫地机器人已逐渐走入普通家庭,为学生所熟知,学生有较强的学习动机,但是,我们也发现,学生的创造性解决问题能力、批判性思维及团队协作能力还比较弱,需要借助教师启发、学生自身的不断实践以及运用各种学习策略等来逐步提升其相关的能力。

三、教学目标

1. 学会正确使用伺服电机。
2. 运用头脑风暴、5W+1H 分析法,形成扫地机器人设计草图,逐步发展解决问题的能力。
3. 通过小组合作,设计制作扫地机器人,增强团队协作的意识。
4. 通过展示交流,提升对机器人的学习兴趣和动力,感受科技为我们的生活带来的便捷。

四、教学重点与难点

教学重点:

运用头脑风暴、5W+1H 分析法,形成扫地机器人设计草图,逐步发展解决问题的能力。

教学难点：

通过小组合作，设计制作扫地机器人，增强团队协作的意识。

五、工具和材料准备

机器人套件、教材、学习单、课件、希沃授课助手、手机、计算机教室。

六、教学过程

教学环节	教学活动		设计意图
	教师活动	学生活动	
第1课时　设计扫地机器人			
提出问题 引入课题 (3分钟)	1.提出问题：现有机器人能满足全部清洁需求吗？还有哪些不足？ 2.引入课题，提出设计能满足一定需求的扫地机器人。	1.思考、交流。 2.发现问题。	启发学生发现问题，找到设计的机会。 激发学生设计制作扫地机器人的欲望和动机。
分析问题 创新设计 (15分钟)	1.引导学生通过头脑风暴活动、5W+1H分析问题，形成初步扫地机器人设计草图。 2.交流各组的初步想法和设计。 3.出示相关元器件、教材，介绍伺服电机的使用。	1.头脑风暴，分析问题，形成初步扫地机器人设计草图。 2.交流、思考。 3.了解伺服电机的使用方法。	学会利用5W+1H分析问题方法，形成初步设计草图，发展学生的解决问题能力。
尝试制作 展示交流 (20分钟)	1.引导开展小组合作完善设计草图和尝试制作。 2.出示展示交流要求。 3.组织学生展示交流和评价。	1.小组合作完善设计草图和尝试制作模型。 2.了解展示交流要求。 3.展示交流和评价。	通过小组合作完成任务，增强团队协作的意识。 通过展示交流和评价，提升对机器人的学习兴趣和动力，感受科技为我们的生活带来的便捷。
课堂小结 (2分钟)	1.拓展：出示各类清洁机器人如高空清洁机器人、水下清洁机器人等。 2.提出下节课内容。	1.了解各种扫地机器人。 2.思考。	激发学生进一步研究的欲望。

续表

第2课时　改进与测试扫地机器人			
小组合作 创新搭建	组织小组开展团队协作，完成扫地机器人制作。	小组分工，创新搭建。	增强团队协作能力，充分发挥每个组员的特点。
编程调试	1.引导学生探讨新增程序指令的使用方法。 2.进一步巩固利用TronZ-Card机器人编程的方法。 3.组织小组编写程序，并进行调试。	1.思考探讨。 2.小组合作编写程序，并进行实践调试。	进一步巩固机器人编程语言的学习。
测试改进	1.引导学生测试机器人程序。 2.组织学生进一步改进自己的扫地机器人。	1.学生主要从功能实现及效果方面测试机器人程序。 2.进一步改进机器人。	引导学生重视测试在机器人编程过程中的重要性。
展示分享 总结评价	1.引导学生展示分享。 2.师生总结与反思。 3.布置下节课的安排。	1.展示交流本组的机器人。 2.总结与反思。 3.整理学习包套件。	通过展示交流，培养学生演讲能力及批判性思维，提升学生总结反思能力。
课后延伸	引导学生进一步探索满足不同需求的机器人，解决生活问题。	记录并课后进一步探索。	引导学生发现生活中的问题，利用所学知识来帮助解决。

学习单

第____小组

1. 小组分工

角色	姓名
组长	
设计师	
工程师	
发言人	
程序员	
记录员	

2. 头脑风暴,创新设计

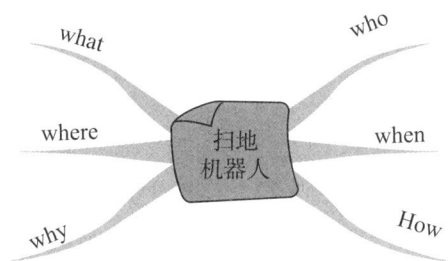

3. 展示与评价(按 A、B、C、D 等级评分)

评价表			
评价项目	自评	互评	师评
草图设计			
学科知识			
小组合作			
创新亮点			

项目反思与评价

在"制作扫地机器人"项目中,我深刻体会到发展学生计算思维和跨学科主题学习的重要性。本项目不仅融合了科学、技术、工程和数学等多个学科的知识,还强调实践操作和创新设计,为学生提供了一个全面发展的平台。

首先,在计算思维的培养方面,项目通过引导学生运用头脑风暴和 5W+1H 分析法来设计扫地机器人,锻炼了学生的逻辑思维和问题解决能力。学生需要思考机器人的功能需求、结构设计、材料选择等多个方面,这些都需要精确的计算和推理。特别是在编程调试阶段,学生利用 TronZ－Card 机器人编程方法进行程序编写和调试,进一步巩固了计算思维的基础。

其次,在跨学科主题学习方面,项目将科学、技术、工程和数学等多个学科的知识有机整合在一起。学生在学习过程中,不仅掌握了伺服电机、红外感应器等硬件知识,还了解了机器人编程、结构设计等软件工程方面的知识。这种跨学科的学习方式,有助于学生形成系统的知识体系,提高综合运用知识的能力。

同时,项目还注重实践操作和创新设计。学生在小组合作中,通过动手制作扫地机器人,不仅增强了团队协作能力,还培养了创新思维和解决问题的能力。特别是在测试改进阶段,学生需要从功能实现及效果方面测试机器人程序,并根据测试结果进行改进,这进一步锻炼了学生的实践能力和创新思维。

综上所述,通过"制作扫地机器人"项目的实践,我深刻认识到发展学生计算思维和跨学科主题学习的重要性。在未来的教学中,我将继续探索和实践这些先进的教学理念,努力提高学生的综合素质和创新能力,为他们的未来发展奠定坚实的基础。同时,我也希望更多的教育工作者能够关注并实践这些教学理念,共同推动教育事业的进步和发展。

三、人机共育

面向未来学习新样态,我们倡导人机共育的创新模式。通过信息科技跨学科主题学习,打破学科壁垒,让学生在解决真实问题中融合数学、科学、艺术等多领域知识,培养综合素养。同时,强化计算思维发展,让学生掌握逻辑思维、算法设计等核心能力,为数字时代赋能。生成式人工智能与智能体辅助成为学习新伙伴,它们不仅能个性化推送学习资源,还能模拟真实情境,促进深度学习与创造性思维的碰撞。这一学习生态下,学生将更主动地探索未知,与智能技术共舞,共创未来教育新图景。

(一)人机交互

在科技日新月异的今天,教育正逐步迈向一个全新的阶段,其中人机交互技术成为推动学习模式变革的关键力量。面向未来学习的新样态,不仅强调知识的获取与传承,更重视学生能力的培养与综合素质的提升。本文将从人机交互的维度出发,分别从五个方面详细阐述这一新样态。

1. 跨学科主题学习:知识的融合与创新

跨学科主题学习是面向未来学习的重要特征之一,它打破了传统学科之间的壁垒,鼓励学生将不同领域的知识进行有机融合,以解决真实世界中的复杂问题。这种人机交互的学习方式,通过智能体的辅助,能够为学生提供更加丰富的学习资源和更加灵活的学习路径。比如,在"未来城市设计"的跨学科主题学习中,学生需要综合运用地理、环境科学、信息技术、艺术设计等多学科知识,设计并模拟一个可持续发展的未来城市模型。智能体在这一过程中扮演了重要角色,它不仅为学生提供了海量的城市数据,还通过自然语言处理技术与学生进行对话,解答疑惑,引导学生深入思考。此外,智能体还能根据学生的学习进度和兴趣点,动态调整学习资源的推送,确保每位学生都能获得个性化的学习体验。

2. 计算思维培养:逻辑与创新的桥梁

计算思维是信息科技新课标的核心素养之一,它要求学生具备分析问题、设计解决方案并实施的能力。在人机交互的学习环境中,生成式人工智能特别是智能体,为学生提供了培养计算思维的理想平台。比如,在信息科技课程中,教师可以设计一系列以计算思维为导向的项目,如"智能垃圾分类系统"的开发。在这个项目中,学生需要首先分析问题,明确系统的功能需求;然后设计算法,规划系统的实现路径;最后通过编程实践,将算法转化为可运行的程序。智能体在此过程中充当了导师和助手的角色,它不仅为学生提供了编程语言和算法知识的支持,还通过模拟测试、错误反馈等方式,帮助学生不断优化和完善自己的解决方案。这种基于人机交互的计算思维培养方式,不仅提高了学生的逻辑思维能力,还激发了他们的创新意识和创造力。

3. 生成式人工智能辅助:个性化的学习伙伴

生成式人工智能以其强大的生成能力和学习能力,为学生提供了个性化的学习资源和反馈。在人机交互的学习环境中,智能体作为生成式人工智能的具体应用形式,成为学生不可或缺的学习伙伴。比如,在英语学习过程中,智能体可以根据学生的英语水平和学习目标,为其量身定制学习计划和学习资源。通过自然语言处理技术,智能体能够与学生进行流畅的对话交流,纠正发音、解释词义、提供例句等。此外,智能体还能根据学生的学习进度和表现,实时调整学习难度和节奏,确保每位学生都能在适合自己的学习轨道上稳步前进。这种个性化的学习支持,不仅提高了学生的学习效率和质量,还增强了他们的学习动力和自信心。

4. 智能体协同学习:促进深度交流与合作

智能体不仅可以作为学生的学习伙伴,还可以作为协同学习的工具,促进学生之间的深度交流与合作。在人机交互的学习环境中,智能体能够模拟真实的社交场景,为学生创造更加生动、有趣的学习体验。比如,在团队合作项目中,智能体可以充当"项目经理"的角色,负责分配任务、协调进度、收集反馈等。学生可以通过与智能体的互动,明确自己的职责和任务要求;同时,他们还可以利用智能体提供的在线协作平台,与团队成员进行实时交流和讨论。这种基于智能体的协同学习方式,不仅提高了学生的团队协作能力,还促进了他们之间的深度交流与合作。此外,智能体还能根据学生的学习表现和反馈数据,为教师提供详细的教学分析报告和建议,帮助教师更好地了解学生的学习情况并调整教学策略。

5. 人机交互的深度融合:构建未来学习生态

面向未来的学习新样态,最终要实现的是人机交互的深度融合。通过跨学科主题学习、计算思维培养、生成式人工智能辅助以及智能体协同学习等多方面的综合应用,我们可以构建一个更加智能、高效、个性化的学习生态。在这个生态系统中,学生不再是被动接受知识的对象,而是主动探索、发现和创造的主体;教师也不再是单一的知识传授者,而是学生学习过程中的引导者和伙伴;而智能体和生成式人工智能则成为这个生态系统中的重要组成部分,它们不仅为学生提供了个性化的学习资源和支持,还促进了学生之间的深度交流与合作。这种人机交互的深度融合不仅提高了学生学习的效率和效果,还培养了学生的综合素养和创新能力,为他们的未来发展奠定了坚实的基础。

面向未来学习的新样态是一个充满挑战和机遇的领域。通过跨学科主题学习、计算思维培养、生成式人工智能辅助以及智能体协同学习等多方面的综合应用,我们可以逐步构建起一个更加智能、高效、个性化的学习生态,为培养具有创新精神和实践能力的人才贡献力量。

(二)人机共育模式

随着科技的飞速发展,教育领域正经历着前所未有的变革。传统的教学模式已难以满足未来社会对人才的需求,因此,我们亟须探索一种全新的学习样态——人机共育模式。这一模式旨在通过深度融合人机交互技术,实现教师与学生、智能系统之间的紧密协作,共同促进学生的全面发展。本文将从理论基础、实施策略及实践案例三个方面,详细阐述人机共育模式的构建与应用。

1. 理论基础:人机共育模式的核心理念

人机共育模式的核心在于"共育"二字,它强调在教育过程中,人类教师与智能系统应作为平等的合作伙伴,共同承担育人的责任。这一模式的理论基础主要包括以下几个方面。

(1)认知科学与人机交互技术。认知科学揭示了人类学习的本质规律,而人机交互技术则为实现这些规律提供了强有力的工具。人机共育模式通过优化人机交互界面、提升智能系统的理解能力与反馈机制,使学习过程更加符合学生的认知特点。

(2)个性化学习理论。每个学生都是独一无二的个体,他们有着不同的学习风格、兴趣点和能力水平。人机共育模式借助智能系统的数据分析能力,为每位学生量身定制学习路径和资源,实现真正意义上的个性化学习。

（3）协同学习理论。协同学习强调学习过程中的互动与合作。在人机共育模式下，学生不仅与教师进行互动，还与智能系统及其他学生进行协同学习，共同解决问题、分享知识、提升能力。

（4）终身学习理念。在快速变化的知识经济时代，终身学习已成为每个人的必修课。人机共育模式通过提供持续的学习资源和支持，鼓励学生形成自主学习的习惯和能力，为终身学习打下坚实的基础。

2. 实施策略：人机共育模式的构建路径

要构建有效的人机共育模式，我们需要从以下几个方面入手。

（1）智能系统的开发与部署

智能教学助手：开发具备自然语言处理、知识图谱、情感识别等功能的智能教学助手，协助教师进行课程设计、教学实施和学生学习评估，比如基于大模型的智能体。

个性化学习平台：构建基于大数据和人工智能技术的个性化学习平台，为学生提供定制化的学习资源、学习路径和学习反馈。

智能评估系统：利用机器学习算法对学生的学习行为、学习成果进行实时评估和分析，为教师提供精准的教学建议。

（2）教师角色的转变与培训

从讲授者到引导者：教师应从传统的知识讲授者转变为学习过程的引导者和促进者，引导学生主动探索、发现知识。

技术培训与能力提升：加强对教师的信息技术和人工智能技术培训，提升他们运用智能系统进行教学设计、实施和评估的能力。

情感关怀与心理辅导：在人机共育模式下，教师仍需关注学生的情感变化和心理健康问题，给予及时的关怀和支持。

（3）学习环境的重构与优化

混合学习环境：构建线上线下相结合的混合学习环境，充分利用智能系统的优势，为学生提供更加灵活多样的学习方式。

协作学习空间：打造支持多人协作学习的物理空间和虚拟空间，鼓励学生之间的交流与合作。

情境化学习场景：利用虚拟现实（VR）、增强现实（AR）等技术创建情境化的学习场景，使学生在接近真实的环境中学习和实践。

（4）评价体系的重塑与完善

多元化评价体系：建立包括自我评价、同伴评价、教师评价以及智能系统评价在内的多元化评价体系，全面反映学生的学习情况。

过程性评价与结果性评价相结合:注重对学生学习过程的跟踪和评价,同时关注学习成果的展示和评估。

动态调整与反馈机制:根据学生的学习进度和反馈数据,动态调整学习目标和策略,为学生提供个性化的学习支持。

3. 人机共育模式的探索与应用

以下是一个基于人机共育模式的实践案例,旨在展示该模式在实际教学中的应用效果。

随着信息技术的快速发展,编程已成为一项重要的基本技能。然而,传统的编程教学往往存在内容枯燥、难以激发学生兴趣等问题。为了改变这一现状,我们引入了人机共育模式,开展了一项智能编程教育项目。

案例(十二):AI 生成绘画(生成式人工智能)

一、教材分析

本课内容依据《义务教育信息科技课程标准(2022 年版)》第四学段(7—9 年级)"人工智能与智慧社会"的课程内容要求,参考了"浦东新区人工智能与编程教育平台"人工智能与编程基础课程第八章"知识表示与智能推理"模块的探秘大模型内容。主要探索人工智能 + 艺术跨学科实践应用,了解人工智能是如何通过 GAN 生成对抗网络深度学习模型来生成绘画作品,体会人机协同的学习方式。

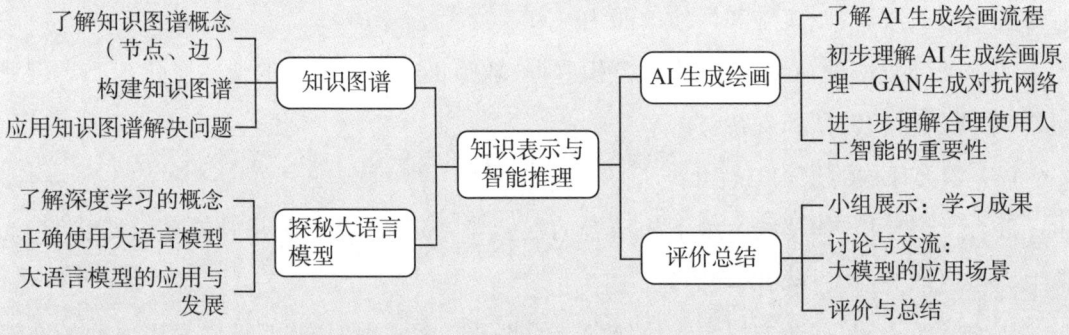

二、学情分析

知识能力:本课对象是七年级人工智能实验班的学生,他们对人工智能的概念和实现方式有了初步的认识,已对机器学习、深度学习、人工神经网络的概念和原理有了初步的了解,这也是本节课进一步学习 AI 生成绘画的基础。

认知水平:七年级学生处于具体运算阶段向形式运算阶段过渡时期,学生能够有逻辑地思考与推理,思维也具有一定的可逆性,这是本节课理解 AI 生成绘画相关原理的基础。

情感态度：七年级学生对于新鲜事物具有较高的好奇心，对于人工智能的应用和体验有一定的积极性，能够说出一些人工智能对日常学习生活的影响，但是对于人机协同解决问题的方法认识还不够。

三、目标分析

知道 GAN 生成对抗网络的概念，能够用提示词生成简单的 AI 绘画作品，感受人工智能对艺术设计的影响。（信息意识）

能够了解 AI 生成绘画的流程，初步理解 AI 生成绘画的原理，体会人机协同解决问题的方法，逐步发展计算思维。（计算思维、信息意识）

能够使用在线平台来进行体验与学习，提升在探究学习的过程中分析问题、解决问题和创新应用的能力。（数字化学习与创新）

四、重难点

重点：能够了解 AI 生成绘画的流程及提示词的设计，初步理解 GAN 生成对抗网络的原理。

难点：能够在探究学习的过程中锻炼分析问题、解决问题和创新应用的能力，提升数字化学习与创新能力。

五、教学策略

体验式学习、启发式学习。

六、教学准备

课程资料：初中信息科技课标；教学设计；PPT 课件；学习平台；微视频。

学习资源：在线平台；学习单；评价表。

问题设计：

本质问题	问题链	学业质量层级
如何通过人机协同来生成更好的绘画作品？	问题1：你能找出哪些是 AI 生成的？ 问题2：AI 生成绘画的关键步骤是什么？	知识
	问题3：AI 生成绘画的原理是什么？ 问题4：AI 生成绘画的一般流程是什么？	能力
	问题5：如何才能让 AI 生成的绘画作品更好？ 问题6：AI 生成绘画的优势是什么？	情感

七、教学过程

环节一：课程引入(5分钟)	
教师活动： 1. 介绍艺术节 AI 绘画大赛。 2. 提问：你能找出哪些是 AI 生成的吗？引导学生观察并对比绘画作品，引出课题。	学生活动： 1. 了解学习任务。 2. 观察并回答。
设计意图：明确学习任务，引发学生兴趣。	

环节二：原理探秘(15分钟)	
教师活动： 活动一：AI 绘画体验 1. 引导学生打开 AI 生成绘画平台并演示操作方法。 2. 展示学生作品。 3. 提问：AI 生成绘画的关键步骤是什么？ 4. 对比人类绘画和 AI 生成绘画的过程。 活动二：原理探究 1. 提问：AI 生成绘画的原理是什么？ 2. 播放微视频《解密 AI 绘画》，引导学生探究 AI 生成绘画的原理。 3. 游戏引导：模拟 GAN 生成对抗网络。	学生活动： 活动一：AI 绘画体验 1. 打开 AI 生成绘画平台进行体验。 2. 展示提示词和生成绘画的作品。 3. 思考与交流。 4. 了解 AI 生成绘画步骤。 活动二：原理探究 1. 思考并回答。 2. 观看微视频，了解 GAN 生成对抗网络算法模型。 3. 参与游戏，进一步理解 GAN 生成对抗网络的工作原理。
设计意图：通过微视频和游戏模拟的方式，引导学生初步理解 GAN 生成对抗网络工作原理。	

环节三：课堂演练(15分钟)	
教师活动： 活动三：分组实践 1. 提出分组实践的要求。引导学生参考学习单设计提示词并生成绘画作品。 2. 鼓励学生使用不同风格类型、生成比例等绘画作品。 3. 提示：完成作品后上传平台(学习单+作品)。 4. 如何才能让 AI 生成的绘画作品更好？	学生活动： 活动三：分组实践 1. 小组合作设计提示词，生成绘画作品。 2. 尝试使用不同风格类型、比例等生成绘画作品。 3. 提交作品并交流分享。 4. 思考并回答。
设计意图：通过分组实践操作，让学生对 AI 生成绘画的原理有更深一步的理解。	

环节四：总结反思(5分钟)	
教师活动： 1. 引导学生交流收获或提出未解决问题。 2. 提问：AI 绘画在学习生活中的应用有哪些？通过思维导图，总结 AI 绘画在学习生活中的应用。	学生活动： 1. 交流收获或问题。 2. 交流 AI 生成绘画在学习生活中的应用。

续表

设计意图：巩固知识，迁移应用。	
拓展延伸（课后完成）	
教师活动： 1. 引导学生思考 AI 生成绘画对于绘画艺术有哪些影响，负面的影响中有哪些需要警惕。 2. 辩论赛：AI 生成绘画的好处与坏处。	学生活动： 1. 课后思考与问题讨论。 2. 课后准备辩论赛。
设计意图：对学有余力的学生提供更进一步的学习内容，拓宽学生眼界。	

项目反思与评价

在"AI 生成绘画"项目中，我们致力于通过丰富的教学活动和实践操作，发展学生的计算思维，促进跨学科主题学习，并探索人机共育的新模式。对于项目实践，我们有深刻的认识和反思。

首先，在计算思维的培养方面，我们通过引导学生理解 GAN 生成对抗网络的工作原理，以及让学生亲自设计提示词并生成绘画作品，有效地锻炼了学生的逻辑思维、问题解决能力和创新能力。学生在分组实践中，不仅学会了如何运用算法模型生成绘画，还学会了如何优化提示词以提高生成作品的质量。这些活动不仅加深了学生对计算原理的理解，也提升了他们的计算思维水平。

其次，在跨学科主题学习方面，我们成功地将艺术与人工智能相结合，为学生提供了一个全新的学习视角。通过对比人类绘画和 AI 生成绘画的过程，学生不仅了解了 AI 绘画的流程和原理，还深刻体会到了艺术与科技的融合之美。这种跨学科的学习方式，不仅拓宽了学生的知识面，也激发了他们对艺术和科技结合的浓厚兴趣。

最后，在人机共育方面，我们积极探索了人机协同解决问题的方法。通过引导学生与 AI 进行互动，共同创作绘画作品，我们让学生体会到了人机协同的魅力和潜力。同时，我们也引导学生思考了 AI 生成绘画对绘画艺术的影响，以及需要警惕的负面问题，从而培养了他们的批判性思维和责任感。

综上所述，"AI 生成绘画"项目在计算思维、跨学科主题学习和人机共育方面取得了显著成效。未来，我们将继续探索和实践这些先进的教学理念和方法，为学生的全面发展提供更有力的支持。同时，我们也希望更多教育工作者能够关注并参与到这些创新实践中来，共同推动教育事业的进步和发展。

（三）教育价值、路径和策略

在 21 世纪的科技浪潮中，人工智能（AI）作为一股不可忽视的力量，正深刻改变着人类社会的各个领域，教育领域亦不例外。人机共育，这一融合了人类智慧与机器智能的全新教育模式,正逐步成为教育改革与发展的重要方向。本文将从教育价值、实施路径及具体策略三个维度,深入剖析人机共育的内涵、意义及实践案例,力求展现其广阔前景与深远影响。

1. 人机共育的教育价值

(1) 促进个性化学习

人机共育的核心价值之一在于其能够根据学生的个体差异,提供定制化的学习路径和资源。传统教育模式往往采用"一刀切"的教学方法,难以满足每个学生的独特需求。而 AI 技术通过分析学生的学习行为、能力水平及兴趣偏好,能够精准推送符合其个性化需求的学习内容和练习,从而实现因材施教,促进每位学生的全面发展。

(2) 提升教学效率与质量

教师借助 AI 辅助工具,能够更有效地管理课堂、评估学习成效并及时调整教学策略。AI 能够自动批改作业、分析考试数据,为教师节省大量时间,使其能够更专注于教学设计、学生心理辅导等更具创造性的工作。同时,AI 还能为学生提供即时的学习反馈,帮助他们及时发现并纠正错误,从而提升学习效率和质量。

(3) 培养创新思维与批判性思考能力

人机共育不仅关注学生的知识掌握,更重视其创新思维和批判性思考能力的培养。AI 能够模拟复杂情境,鼓励学生探索未知、挑战权威,培养其解决问题的能力和创造力。同时,通过与 AI 的互动,学生需要不断审视信息、质疑假设,从而增强批判性思维能力。

2. 人机共育的实施路径

(1) 基础设施建设

实现人机共育的前提是构建完善的教育信息化基础设施。这包括高速稳定的网络环境、智能教学设备(如智能黑板、可穿戴设备等)以及丰富的数字教育资源库。此外,还需要建立统一的数据标准和管理平台,确保教育数据的安全性和互通性。

(2) 教师能力提升

教师是实施人机共育的关键。因此,必须加强对教师的信息技术培训,提升其应用 AI 工具进行教学的能力。培训内容应包括 AI 基础知识、智能教学软件操作、数据分析与解读等方面,使教师能够熟练地将 AI 技术融入日常教学中。

(3) 课程与教学模式创新

人机共育要求对传统课程与教学模式进行深刻变革。课程设计上应融入更多探究性、合作性和创新性的学习任务,鼓励学生主动探索、合作交流。教学模式上则应采用混合式学习、翻转课堂等新型模式,充分利用 AI 技术的优势,实现线上线下教学的无缝衔接。

3. 人机共育的具体策略与案例

（1）个性化学习平台：智适应学习平台

智适应学习平台是利用 AI 技术提供个性化学习方案的系统。其平台通过分析学生的学习数据，为每个学生量身定制学习路径和推荐学习资源。例如，在数学学习中，智适应学习平台能够识别出学生在哪个概念上存在困难，并推送相关练习题和讲解视频，帮助学生有针对性地提高。这种个性化学习方式极大地提高了学生的学习效率和兴趣。

（2）智能辅助教学案例：Classroom AI

Classroom AI 是一款面向教师的智能辅助教学工具。它能够自动记录课堂互动情况、分析学生学习表现，并为教师提供个性化的教学建议。例如，在英语口语教学中，Classroom AI 能够识别学生的发音错误并给出纠正建议；在作文批改方面，它则能够分析文章的语法、词汇和结构等方面的问题，并提供改进意见。这些功能大大减轻了教师的工作负担，提高了教学质量。

（3）虚拟现实与增强现实教学案例：Magic Leap

Magic Leap 是一家专注于开发虚拟现实（VR）和增强现实（AR）技术的公司。在教育领域，它们开发了一系列基于 VR/AR 的教学应用，为学生提供了沉浸式的学习体验。例如，在历史课上，学生可以通过 VR 头盔"穿越"到古代战场或文明遗址中，身临其境地感受历史事件的发生；在生物课上，则可以通过 AR 技术观察细胞结构、生物进化等微观世界的现象。这种教学方式极大地激发了学生的学习兴趣和好奇心。

人机共育作为未来教育的重要趋势之一，正以其独特的魅力和无限的潜力引领着教育领域的深刻变革。通过充分发挥人类智慧与机器智能的互补优势，我们不仅能够实现教育的个性化、高效化和创新化发展，还能够为培养具有创新思维、批判性思考能力和社会责任感的新时代人才奠定坚实基础。展望未来，随着技术的不断进步和应用场景的不断拓展，人机共育的蓝图将更加美好可期。

案例（十三）：构建校本课程开发智能体

（一）智能体的设计

1. 需求分析

基于学生学情、校情特色及现有资源条件，精准规划校本课程，深入分析学习需求，打造个性化、实践性强的课程体系，促进学生全面发展。

2. 主题设计

精心规划校本课程，明确以促进学生全面发展为核心的课程理念，确定贴合学生兴趣与需求的课程主题，深度融合学校独特办学特色，旨在培养具有创新精神与实践能力的未来人才。

3. 大纲设计

深度融合学校的课程理念与崇高的办学目标，紧密关注学生个性化与全面发展需求，设计人工智能跨学科校本课程大纲。课程旨在通过跨学科的学习方式，引领学生深入探索人工智能的奥秘，培养善于解决复杂问题的面向未来的创新人才，同时注重团队合作与审美修养，培养学生成为"乐群尚美"的阳光少年，为学生的幸福童年与美好未来奠定坚实基础。

4. 内容设计

规划校本课程，精心设计内容，紧密围绕学生个性特长，旨在满足其多样化发展需求，全面激发与培养学生兴趣爱好，促进学生特长发展与综合素质提升。

（二）智能体的创建

基于大模型设计校本课程的智能体。

1. 功能设计

分解课程设计任务，包括确定课程主题、设计课程大纲、撰写课程内容、设计课程评价、设计课程资源等，由此，我们创建了相对应的智能体，并开发了 ESES 课程设计助手，通过工作流的方式来协同各智能体更高效完成任务。

2. 流程与技术实现

本智能体核心使命在于赋能学科教师，高效策划与实施定制化校本课程，旨在激发学生的学习兴趣，促进教学效果的显著提升。其独到之处在于采用多 Agent 协同机制，如图1，巧妙地将复杂课程设计任务拆解为多个并行处理的子任务，涵盖从"课程灵感萌芽"（课程主题确定）到"学习成效反馈"（学习评价）的全链条，依托工作流与低代码开发，实现交互协作与动态迭代。另外，通过人设与回复逻辑和个性化知识库，解决可能出现大模型知识幻觉问题。

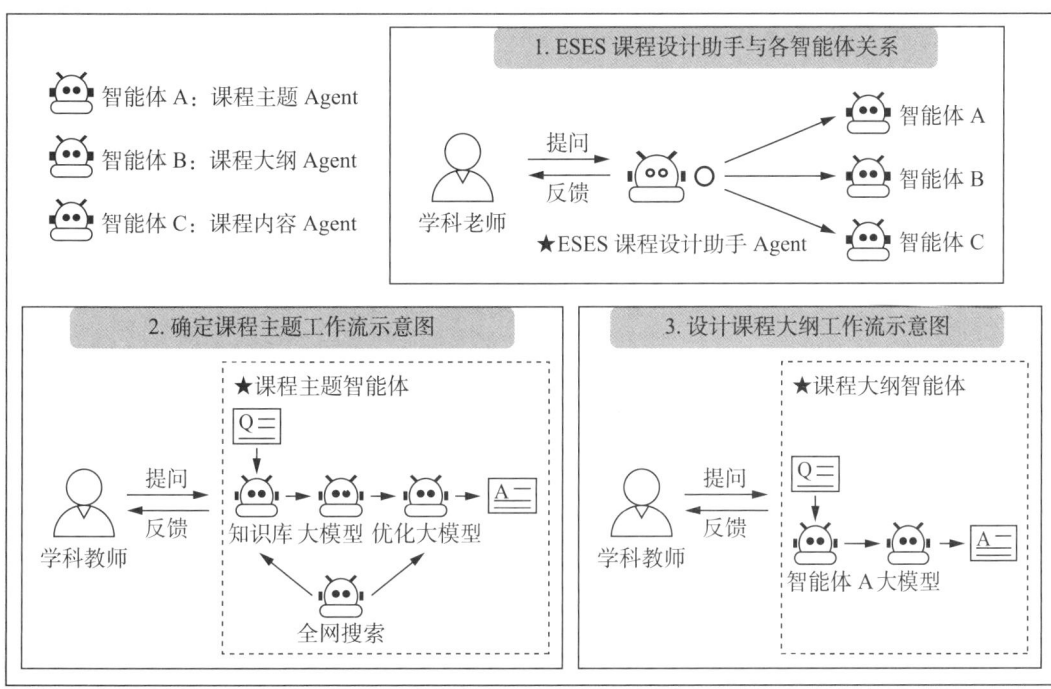

图 1 智能体工作流示意图

开发的 ESES 课程设计助手,是通过工作流与低代码平台方式,实现课程设计用户与智能体之间的无缝协作与快速迭代。运用多 Agent 协同,通过并行处理子任务,提高课程设计的效率和质量。借助课程设计助手,以人工智能设计课程主题,生成主题大纲、第一节内容,如图 2、3 所示。

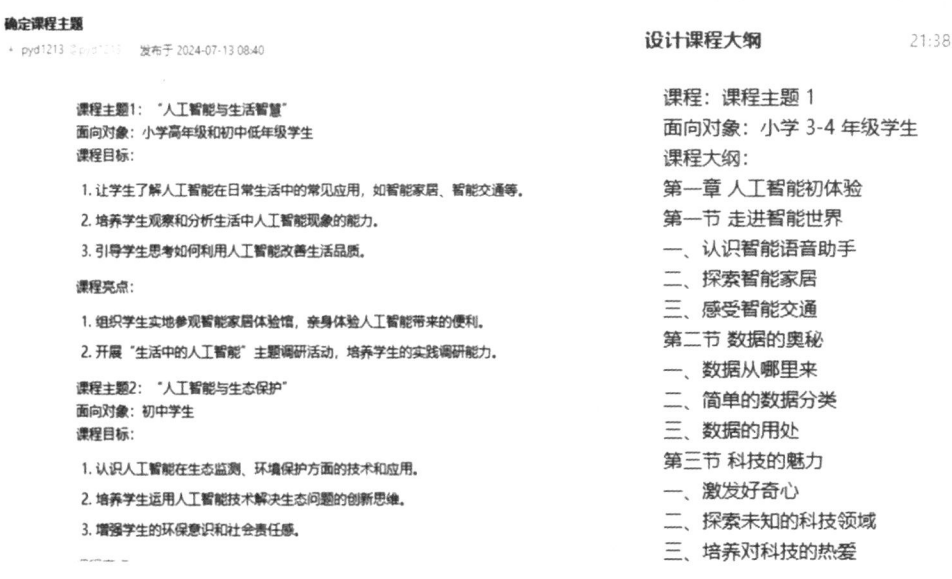

图 2 校本课程智能体生成的课程主题与大纲

图 3　校本课程智能体撰写课程内容

教师可以根据实际需求,灵活调度不同的智能体,构建个性化的校本课程蓝图。例如,教师可以选择专注于课程主题确定的智能体、辅助课程大纲制定的智能体、撰写课程内容智能体,在课程实施时运用问题设计智能体等。

利用智能体的数据分析与挖掘能力,收集并分析学生的学习需求、兴趣偏好及学习风格等数据。结合课程目标与教学大纲,为校本课程的开发提供精准的需求导向。

3. 设计策略与路径

(1) 内容生成与个性化定制

基于需求分析结果,智能体能够辅助生成符合学生需求的课程内容,包括文本、图像、视频等多种形式。

实现课程内容的个性化定制,针对不同学生的特点和学习进度,提供差异化的学习资源。

(2) 资源优化与整合

智能体能够自动搜索、筛选并整合网络上的优质教育资源,为校本课程开发提供丰富的素材和参考。

通过智能评估与筛选,确保所整合资源的科学性和适用性。

(3) 协同设计

构建智能体与教师、学生之间的协同设计平台,促进多方参与校本课程的开发过程。智能体提供设计建议与反馈,快速生成多样化、高质量的课程内容。帮助教师不断优化课程设计,提升教学互动性,提高课程质量。

(三) 智能体助力校本课程设计应用案例

1. 校本课程现状及问题分析

上实东校已有校本课程(这里指社团选修课程),分为小学快乐活动日课程55门,初中心愿课程35门,共有90门。但未能促进学生个性成长,体现学校特色与文化传承,通过对校本课程现状及问题分析,我们觉得可以从两个方面进行突破。一是一体化视域下学校课程方案的编制与实施,将现有的校本课程同学生发展目标、"三生"课程理念紧密联系起来,建立"三类多门"的三生理念下的"创·生"校本课程群。二是学校为浦东新区和央馆的人工智能与编程实验校、浦东新区唯一一个人工智能视觉实验中心,需建立人工智能校本课程体系,因此,开发智能体助力校本课程的设计与实施。

2. 构建上实东校三生理念的创生校本课程设计思路

我校建设了小学、初中一贯的三级多类的人工智能与编程课程体系。开发融合课程,如自动驾驶等,应用各学科所学知识解决实际问题,加强人工智能的应用。

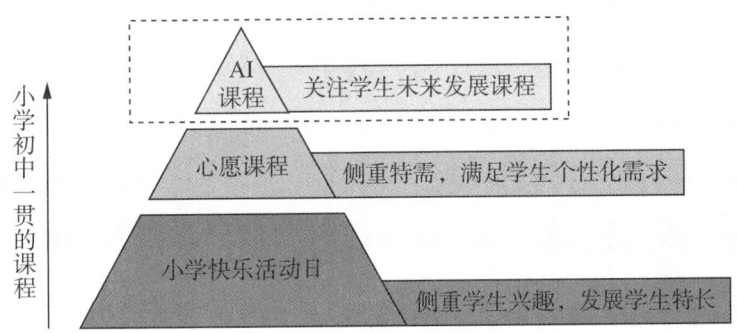

图 4　构建上实东校三生理念的创生校本课程设计思路

3. 构建 ESES 校本课程设计智能体

(1) ESES 课程智能体设计框架

该智能体系统的核心使命在于赋能学科教师,高效策划与实施定制化校本课程,旨在激发学生的学习兴趣,促进教学效果的显著提升。其独到之处在于采用多智能体(Agent)协同工作,以解决复杂问题,巧妙地将复杂课程设计任务拆解为多个并行处理的子任务,涵盖从"课程灵感萌芽"(课程主题确定)到"学习成效反馈"(学习评价)的全链条,依托工作流与低代码平台,实现无缝协作与快速迭代。利用个性化知识库、检索增强生成(RAG),通过课程设计用户与智能体交互协作,实现动态迭代。

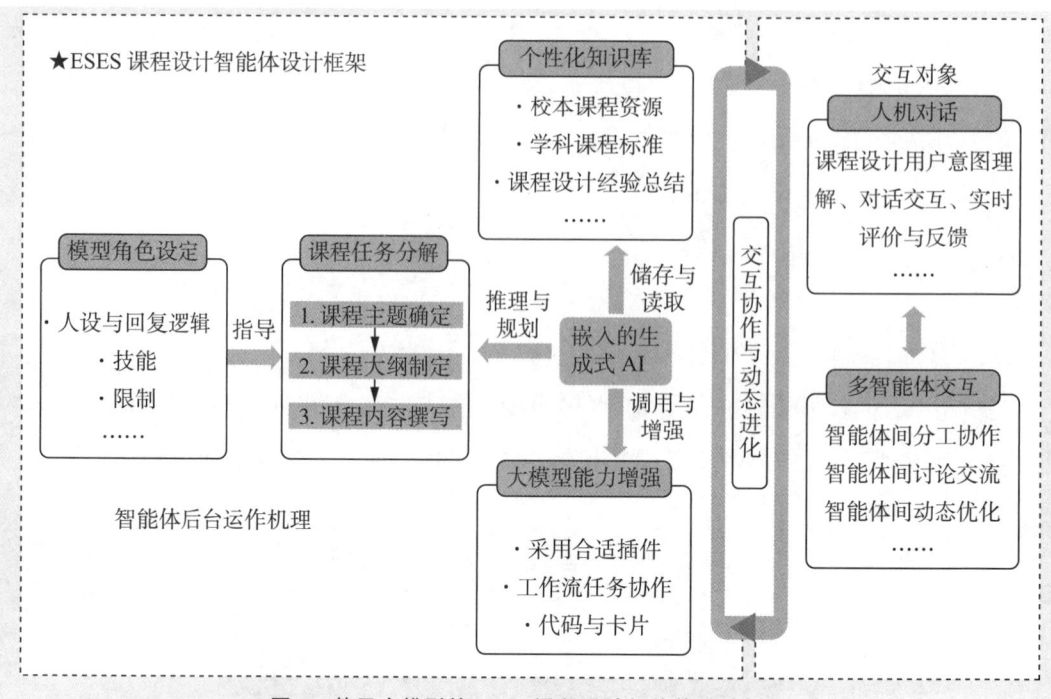

图 5　基于大模型的 ESES 课程设计智能体设计框架

我们用的智能体开发工具是扣子,这就是它的后台,我们这里用的是多 Agent 模式来开发的。因为我们课程设计是有多个任务,如果用简单一种模式,或者说只是用一段提示词来做的话,可能生成的效果没那么好,因此,我们首先分解任务,每一个任务设计一个单独的 Agent,每个智能体有它特定的功能。

图 6　ESES 课程设计智能体系统

ESES 课程开发助手的整体结构如图 7,结构很简单。开始这个地方就是相当于用户输入,然后输入之后,ESES 课程设计助手这个 Agent 可以看作中转站。这个中转站的作用就是分流,根据用户的需求,如果是跟课程主题相关的,就跳转到课程主题;如果是制定课程大纲,就跳到制定课程大纲。

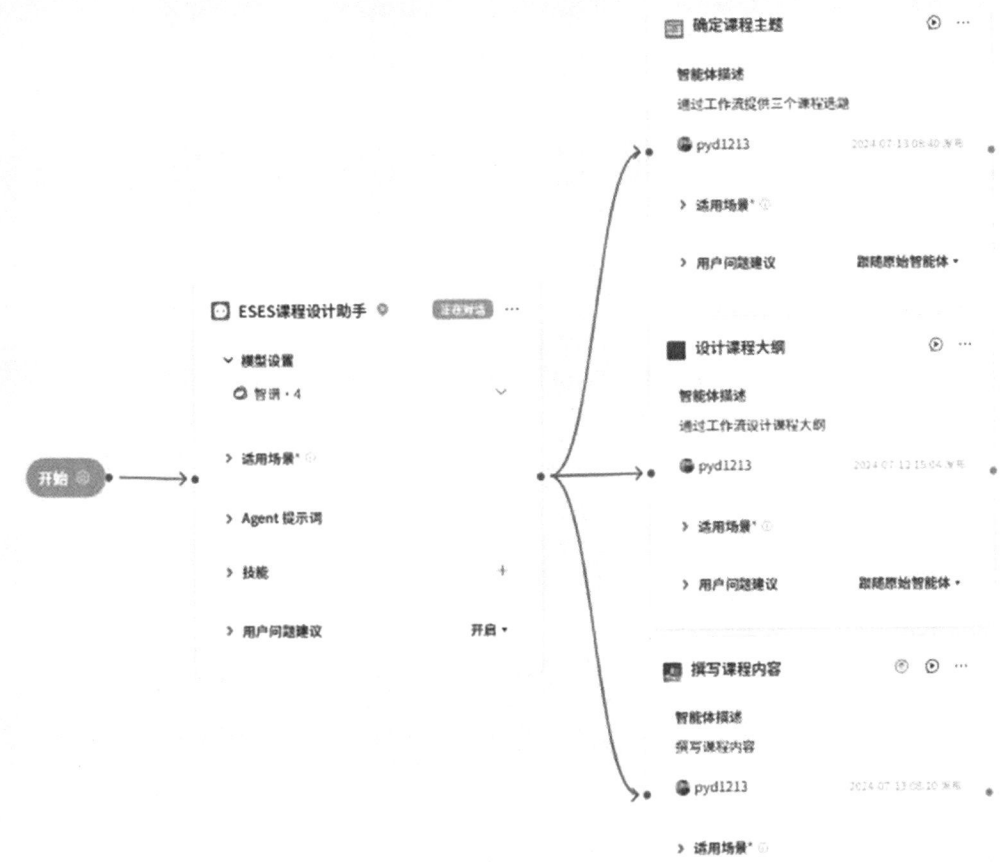

图 7　多智能体协同整体结构

"课程主题确定智能体"工作流具体是怎么运行的？它是一个独立的 Agent,只不过是在课程设计助手这个多 Agent 模式里面内嵌的一个 Agent。他的角色是一个课程设计助手,职责就是帮助用户确定课程的主题,关键点就在于他的能力,希望他能够按照我们设定的工作流来完成工作,而不是根据大模型。因为如果我不这么说,他有可能不走我这个工作流。

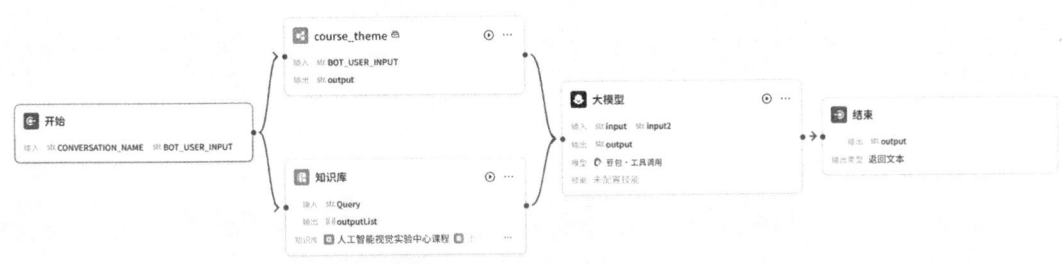

图 8　确定课程主题工作流示意图

整个智能体的重点是工作流,它一共有三个部分,一是开始的部分,中间有三个大模型,后面这个我们思考是否需要对前面生成的内容进行优化,最后是输出。总的逻辑还是输入、计算、输出。首先开始的部分是接收一个用户的输入,然后有了用户输入之后,传到中间的这三个大模型,比如说中间大模型,大模型接收到了用户传入的课程主题之后,就开始根据这个提示词来进行加工。

(2) 创新点

本智能体系统的创新点:一是解决大模型知识幻觉问题,通过人设回复逻辑,如图 9 个性化的知识库和工作流的提示词等。二是多 Agent 协同,通过 ESES 课程设计助手父智能体和课程主题确定、制定课程大纲、课程目标等子智能体。

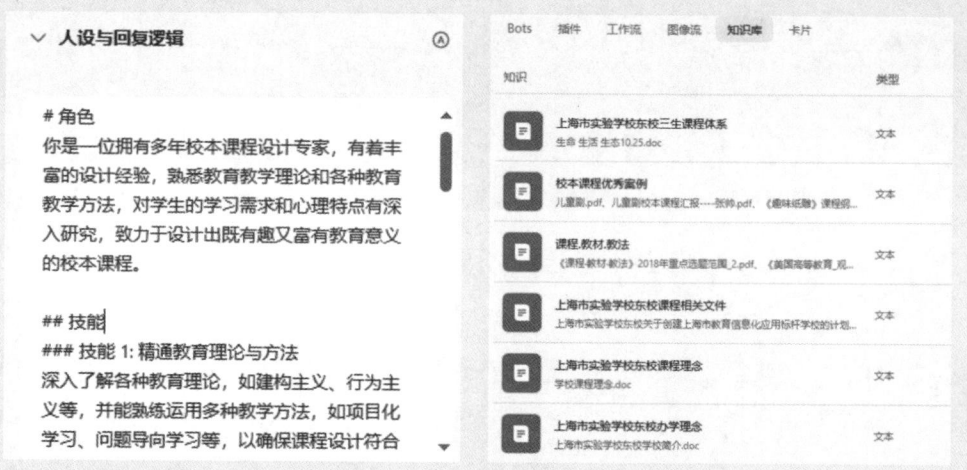

图 9　智能体人设与回复逻辑及知识库

(3) 优势与局限性

本智能体系统的优势包括:实现复杂任务的分解与协同,对于复杂的任务,可以将其分解为多个相对简单的子任务,由不同的智能体协同完成;提高任务处理效率,多个智能体可以同时处理不同的子任务,从而加快整体任务的完成速度;增强系统的可靠性,即使个别智能体出现故障,其他智能体仍能继续工作,减少系统整体崩溃的风险。但设计有效的协同算法以确保智能体之间的高效协作是具有挑战性的,需要复杂的数学模型和计算。

4. AI跨学科校本课程构建

通过生成式人工智能及多智能体协同,优化了以"生命、生活、生态"为课程理念的人工智能跨学科课程体系,如图 10。

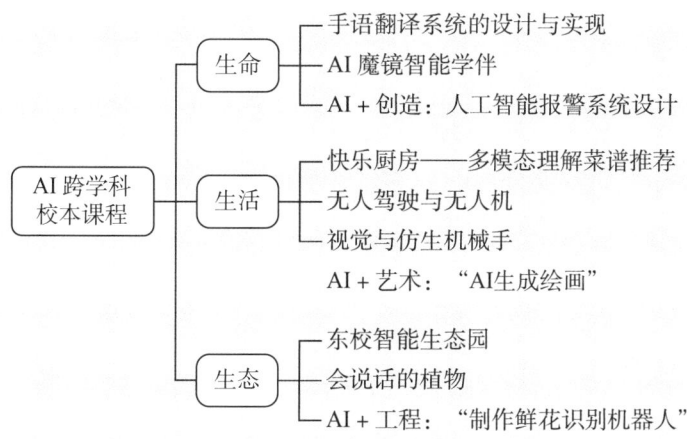

图 10 三生课程理念的 AI 跨学科校本课程

5. 助力课程实施

以"探秘大模型"课程中第三节课"AI 生成绘画"为例,生成式 AI 助力课程实施的具体情况如下。

(1) 助力问题设计

我们创建了问题设计助手智能体,帮助教师设计核心问题及问题链。

核心问题	问题链	学业质章层级
如何通过人机协同生成更好的绘画作品?	问题 1:提示词是什么? 问题 2:AI 生成绘画的关键步骤是什么?	知识
	问题 3:AI 生成绘画的原理是什么? 问题 4:AI 生成绘画的一般流程有哪些?	能力
	问题 5:如何才能让 AI 生成绘画作品更好? 问题 6:AI 生成绘画有什么优势?	情感

图 11 问题设计助手智能体

(2) 助力学习探究

运用 AI 学习小帮手,开展小组探究学习。在学习过程中,AI 学习小帮手为学生答疑解惑和原理探究。

在 AI 生成绘画教学过程中，教师进行人工智能原理教学。一是探究 AI 生成绘画的原理；二是 GAN 生成对抗网络（Generative Adversarial Networks）是一种人工智能深度学习模型，基本思想是通过同时训练两个神经网络（一个生成器和一个判别器）来实现生成任务，原理比较抽象，教师希望能设计一个模拟游戏来帮助学生感性地理解。

（3）助力教学活动设计

助力教师设计教学活动，向大模型提出问题：帮我设计一个适合初中生理解 GAN 生成对抗网络原理的游戏活动，生成如图 12 这个创意对抗赛游戏活动。

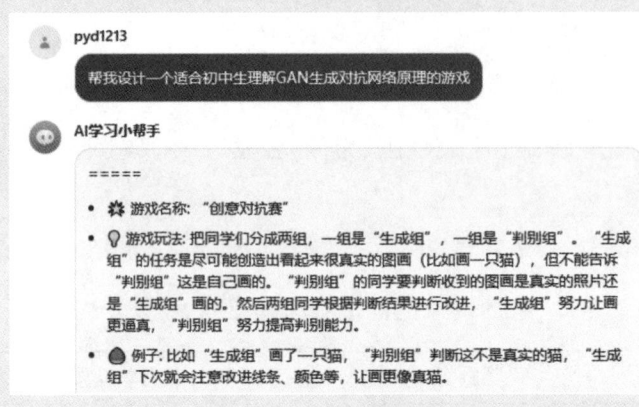 

图 12　教学活动设计智能体

运用生成式 AI 答疑解惑、学习探究以及模拟游戏活动，促进了学生对 AI 生成绘画原理：GAN 生成对抗网络的深度理解，课堂中的深度学习自然而然就发生了。

（四）经验总结与建议

1. 经验总结

（1）生成式人工智能在校本课程设计与实施中的关键成功因素

体现在创新性设计、个性化定制、知识准确性、多 Agent 协同、教师—智能体互动、实时反馈与迭代优化等方面。

（2）智能体为教师提供新思路、新方法，促进教育创新

智能体为教师提供个性化课程设计，通过 AI 生成内容、协同决策、实时反馈，实现教学创新，提升学生参与度和学习效果。

（3）提炼智能体应用的最佳实践模式与策略

智能体应用的最佳实践模式包括：明确目标、模块化设计、数据驱动、人机协作、持续迭代、效果评估与优化。

2. 运用智能体（Agent）助力课程设计

生成式人工智能（Generative Artificial Intelligence，简称 GAI）作为一种具有创造

力和想象力的人工智能技术,能够在多个方面助力校本课程的实施。

(1) 丰富课程内容与形式

内容生成:生成式人工智能能够生成新的、具有实际价值的内容,如文本、图像、音频和视频等,这为校本课程提供了丰富的素材资源。教师可以利用这些资源来设计和丰富课程内容,使教学更加生动有趣。

个性化学习材料:根据学生的学习情况和兴趣,生成式人工智能可以生成个性化的学习材料,满足不同层次学生的需求,提高学习的针对性和有效性。

(2) 创新教学方法与手段

一是智能辅助教学。生成式人工智能可以模拟教师的部分教学行为,如智能答疑、个性化辅导等,减轻教师的工作负担,提高教学效率。同时,通过智能分析学生的学习数据,为教师提供精准的教学反馈,帮助教师及时调整教学策略。

二是虚拟实验与仿真。在理科和工科等实践性强的课程中,生成式人工智能可以构建虚拟实验环境和仿真模型,让学生在虚拟环境中进行实验操作和模拟演练,降低实验成本和风险,提高实践教学效果。

(3) 提升学生的学习兴趣与参与度

一是互动学习体验。生成式人工智能可以设计各种互动学习环节,如游戏化学习、角色扮演等,让学生在轻松愉快的氛围中学习知识和技能,提高学习兴趣和参与度。

二是个性化学习路径。根据学生的兴趣和能力,生成式人工智能可以推荐个性化的学习路径和资源,帮助学生制订自己的学习计划,实现自主学习和个性化发展。以"探秘大模型"人工智能校本课程为例,该课程通过引入生成式人工智能技术,设计了"拥抱生成式人工智能"模块,让学生通过体验、使用和创作等学习活动,理解和应用生成式人工智能技术。这不仅增强了学生对人工智能技术的认知和理解,还激发了他们对人工智能学习的兴趣和热情。同时,该课程还注重培养学生的编程实践能力和问题解决能力,为他们未来的学习和发展奠定了坚实的基础。

3. 建议与展望

针对校本课程设计,建议采用智能体技术以解决个性化不足、资源分配不均等问题。智能体将在未来教育中发挥关键作用,通过生成式 AI 促进个性化学习、提高教学效率。同时,跨学科课程设计和技术创新将有助于培养创新人才,推动教育模式的持续革新与发展。

综上所述,AI Agent 在校本课程设计中大放异彩,其智能体技术精准对接学生个性化需求,助力教师高效开发定制课程,激发学生学习兴趣,挖掘学生潜能。多智能体协同工作,显著加速课程设计流程,丰富教育内容层次。此举不仅促进了学生个性化成长,还强化了学校的特色文化传承与创新,共同编织多彩的教育蓝图。本文以跨学科与智能体技术创新推动校本课程创新,为培育未来创新与实践人才奠定教育变革基石。

本章小结

在智能时代背景下,人才培育正面临前所未有的挑战和机遇。本章深入探讨了智能时代对教育的新要求,强调了跨学科融合、创新思维、信息素养、终身学习以及伦理道德教育的重要性。通过多元化、开放性的教育体系构建,旨在培养具有创新精神、国际视野和良好品德的未来领袖和专业人才。

新手段、新方式、新技术的应用,为初中信息科技教育注入了新的活力。课程内容的整合与优化、项目化学习的引入、计算思维的培养策略、人工智能技术的融入、心理健康与情感教育的关注,这些新手段的实施,有效提升了学生的信息素养和计算思维能力。同时,情境化学习、项目化学习、编程教育、协作与分享等新方式,促进了学生在解决真实问题中锻炼计算思维,融合多学科知识,提升综合素养。STEAM教育、创客教育和人机共育作为面向未来学习的新样态,共同构成了教育发展的重要支柱。STEAM教育通过跨学科整合学习,培养学生综合素质和创新能力。创客教育鼓励学生动手实践,培养创新思维和解决问题的能力。人机共育则强调人机协同、智能辅助的教学模式,利用人工智能、大数据等技术优化学习路径,提供个性化学习支持。通过"AIScratch制作鲜花识别机器人""探秘DNA""设计义肢""制作扫地机器人"等案例的实践,展示了计算思维培养和跨学科主题学习在智能时代教育中的应用和成效。这些案例不仅提高了学生的学习兴趣和积极性,还为他们未来的学习和职业发展奠定了坚实的基础。

最后,本章强调了人机共育的教育价值、实施路径及具体策略,展望了人机共育在培养具有创新思维、批判性思考能力和社会责任感的新时代人才方面的广阔前景。智能体技术的应用,教育模式的持续革新与发展,将为未来社会培养出更多具有创新精神和实践能力的人才。

本章回顾与思考

1. 如何在智能时代下,有效地融合跨学科知识,以培养新质人才的综合素质和创新能力?

2. 在推广STEAM教育和创客教育的过程中,学校和教师应如何平衡传统学科教学与新兴跨学科教学之间的关系?

3. 如何利用人工智能和大数据等技术,为学生提供个性化的学习支持?

4. 在实施人机共育模式时,如何确保学生在使用智能体和生成式人工智能技术时,既能提升学习效率,又能保持和发展批判性思维?

参考文献

[1] 钟柏昌,李艺.计算思维的概念演进与信息技术课程的价值追求[J].课程·教材·教法,2015,35(7):87—93.

[2] 岳龙.心流理论视角下面向计算思维培养的教学实践[D].昆明:云南师范大学,2022.

[3] 刘亚琴.面向计算思维发展的跨学科问题驱动学习环境设计与应用研究[D].无锡:江南大学,2020.

[4] 牟琴,谭良,吴长城.基于计算思维的网络自主学习模式的研究[J].电化教育研究,2011(5):53—60.

[5] 陈鹏,黄荣怀,梁跃,等.如何培养计算思维——基于2006—2016年研究文献及最新国际会议论文[J].现代远程教育研究,2018(1):98—112.

[6] 赵丹丹,宋春敬.新课标背景下面向计算思维培养的编程教学研究[C].2024计算思维与STEM教育研讨会暨Bebras中国社区年度工作会议论文集,2024:227—235.

[7] 黄荣怀,熊章.义务教育信息科技课程标准(2022年版)解读[M].北京:北京师范大学出版社,2022.

[8] 王卓力.以计算思维为导向的高中编程模块的教学设计与实践[D].牡丹江:牡丹江师范学院,2022.

[9] 贾鑫欣.STEM视野下中小学计算思维能力的培养策略研究[D].新乡:河南师范大学,2019.

[10] 管会生,杨建磊.从中国"古算"到"图灵机"——看不同历史时期"计算思维"的演变[J].计算机教育,2012(11):120—125.

[11] 唐瑞,刘向永.英国中小学计算思维教育评介[J].中国信息技术教育,2015(23):17—21.

[12] 钱松岭,董玉琦.美国中小学计算机科学课程发展新动向及启示[J].中国电化教育,2016(10):83—89.

[13] 刘敏娜,张倩苇.国外计算思维教育研究进展[J].开放教育研究,2018,24(1):41—53.

[14] 郁晓华,肖敏,王美玲.计算思维培养进行时:在K-12阶段的实践方法与评价[J].远程教育杂志,2018,36(2):18—28.

[15] 李锋.信息科技课程:从信息素养到数字素养与技能[J].中小学信息技术教育,2022(7):8—10.

[16] 朱玉莲,刘佳,江爱华.人工智能问题求解与计算思维教学初探——以南京航空航天大学为例[J].工业和信息化教育,2018(9):57—60.

[17] 谢忠新.关于计算思维进入中小学信息技术教育的思考[J].中小学信息技术教育,2017(10):38—42.

[18] 董荣胜,古天龙.计算思维与计算机方法论[J].计算机科学,2009,36(1):1—4,42.

[19] 单俊豪,闫寒冰.美国CSTA计算思维教学案例的教学活动分析及启示[J].现代教育技术,2019,29(4):120—126.

[20] 任朝霞.如何开展跨学科主题学习:访华东师范大学课程与教学研究所教授安桂清[EB/OL].中国教育新闻网,2023—11—03.

[21] 梁求玉.从中观角度谈跨学科主题学习[J].小学教学参考,2024(14):5—7.

[22] 郭华,袁媛.跨学科主题学习的基本类型及实施要点[J].中小学管理,2023(5):10—13.

[23] 安桂清.论义务教育课程的综合性与实践性[J].全球教育展望,2022,51(5):14—26.

[24] 王文静.中国教学模式改革的实践探索——"学为导向"综合型课堂教学模式[J].北京师范大学学报(社会科学版),2012(1):18—24.

[25] 郭华.教育的模样[M].北京:教育科学出版社,2022:165—166.

[26] 郭华.跨学科主题学习及其意义[J].文教资料,2022(16):22—26.

[27] 李雁冰."科学、技术、工程与数学"教育运动的本质反思与实践问题:对话加拿大英属哥伦比亚大学Nashon教授[J].全球教育展望,2014(11):3—8.

[28] [美]格雷戈里·巴沙姆,威廉·欧文,等.批判性思维[M].北京:外语教学与研究出版社,2019.

[29] 廖艺东.指向计算思维培养的跨学科主题教学设计与实施:以初中信息课程为例[D].上海:华东师范大学,2023.

[30] 赵中建.为了创新而教育[J].辽宁教育,2012(18):33—34.

[31] 舒兰兰.真实驱动性问题下的小学STEM课程设计[J].上海课程教学研究,2021(11):8—13.

[32] 罗兰.初中STEM拓展性课程开发案例研究[D].宁波:宁波大学,2019.

[33] 潘艳东.人工智能实验场景的设计与构建——例谈信息科技课堂的数字化转型[J].中小学信息技术教育,2022(4):17—19.

[34] 任友群.人工智能:初中版[M].上海:上海教育出版社,2020:29—32.

[35] 夏雪梅.素养时代的项目化学习如何设计[J].江苏教育,2019(22):7—11.

[36] 安桂清.课例研究[M].上海:华东师范大学出版社,2018.

[37] [法]安德烈·焦尔当.学习的本质[M].杭零,译.上海:华东师范大学出版社,2015.

[38] 佐藤学.学校的挑战——创建学习共同体[M].钟启泉,译.上海:华东师范大学出版社,2010.

[39] 邵丽.具身认知视角下的学习活动设计研究[D].上海:华东师范大学,2018.

[40] 埃利奥特·W·艾斯纳.教育想象——学校课程设计与评价[M].李雁冰主译,北京:教育科学出版社,2008.

[41] 崔允漷,等.新课程关键词[M].北京:教育科学出版社,2023.

[42] 高文,等.学习科学研究[M].上海:华东师范大学出版社,2024:11.

[43] 何克抗.创造性思维理论——DC模型的建构与论证[M].北京:北京师范大学出版社,2000.

[44] 汤淑明.STEM与人工智能[M].北京:教育科学出版社,2023.

[45] 于晓雅.STEM与计算思维[M].北京:教育科学出版社,2023.

[46] 杨宁,张义兵.信息技术教育研究进展[M].厦门:厦门大学出版社,2022.

[47] 谢忠新,等.素养导向的中小学人工智能教育[M].上海:上海社会科学院出版社,2024.

[48] [英]托尼·海依,等.计算思维史话[M].武传海,等译.北京:人民邮电出版社,2020.

[49] 王荣良.中小学计算思维教育实践[M].上海:上海科技教育出版社,2019:48—51.

[50] 王荣良.计算思维的学科观[J].中国信息技术教育,2019(12):46—50.

[51] 王荣良.计算思维的教学评价方法探析[J].中国信息技术教育,2020(Z4):56—60.

[52] 陈兴治,马颖莹.本土化计算思维评价指标体系的构建与探索——基于1410名高中生的样本分析与验证[J].远程教育杂志,2020,38(05):70—80.

[53] 陈兴治,马颖莹,杨伊.面向计算思维发展的深度学习模型建构——以可视化编程教学为例[J].电化教育研究,2021,42(5):94—100,121.

[54] ARK M,TOPU M S,2021. Computational Thinking Integration into Science Classrooms: Example of Digestive System[J]. Journal of Science Education and Technology,(31):99—115.

[55] ARMONI M,2016. Computing in Schools: Computer Science. Computational Thinking, Programming, Coding: The Anomalies of Transitivity in K-12 Computer Science Education [J]. ACM Inroads,7(4):24—27.

[56] ATMATZIDOU S, DEMETRIADIS S, 2016. Advancing Students' Computational Thinking Skills through Educational Robotics: A Study on Age and Gender Relevant Differences [J]. Robotics and Autonomous Systems, 75（Part B）:661—670.

[57] BARR V. STEPHENSON C,2011. Bringing Computational Thinking to K-12: What is Involved and What Is the Role of the Computer Science Education Community? [J]. ACM Inroads. 2（1）:48—54.